国家自然科技资源共享平台项目资助

牧草种质资源技术规范丛书

冷地早熟禾种质资源描述
规范和数据标准

Descriptors and Data Standard for
Cold-meadow Bluegrass

(*Poa crymophila* Keng ex C. Ling)

时永杰　杨志强　田福平　等　编著

U0323937

中国农业科学技术出版社

图书在版编目（CIP）数据

冷地早熟禾种质资源描述规范和数据标准／时永杰等编著.—北京：中国农业科学技术出版社，2011.6

（牧草种质资源技术规范丛书）

ISBN 978 - 7 - 5116 - 0439 - 2

Ⅰ.①冷… Ⅱ.①时… Ⅲ.①早熟禾 - 种质资源 - 描写 - 规范②早熟禾 - 种质资源 - 数据 - 标准 Ⅳ.①S545 - 65

中国版本图书馆 CIP 数据核字（2011）第 065569 号

责任编辑	杜新杰
责任校对	贾晓红

出 版 者	中国农业科学技术出版社
	北京市中关村南大街 12 号　邮编：100081
电　　话	（010）82106638（编辑室）（010）82109704（发行部）
	（010）82109703（读者服务部）
传　　真	（010）82109709
网　　址	http：//www. castp. cn
印 刷 者	北京富泰印刷股份有限公司
开　　本	787 mm × 1 092 mm　1/16
印　　张	5. 5
印　　数	1 ~ 1 000 册
字　　数	110 千字
版　　次	2011 年 6 月第 1 版　2011 年 6 月第 1 次印刷
定　　价	30. 00 元

张英俊　张新全　张燕卿　呼天明　武　斌

赵来喜　赵利清　赵秀芝　南志标　拾　涛

高洪文　袁庆华　袁　清　耿　瑜　徐春波

郭永清　萨　仁　曹永生　黄祖杰　蒋尤泉

韩建国　董永平　彭　燕　德　英

总审校　赵来喜　谷安琳　王育青

《冷地早熟禾种质资源描述规范和数据标准》
编 写 委 员 会

主　编　时永杰　杨志强　田福平

执笔人　时永杰　杨志强　田福平　路　远

　　　　　张小甫　宋　青　牛晓荣　胡　宇

审稿人　(以姓氏笔画为序)

　　　　　王锁民　师尚礼　余　玲　谷安琳

　　　　　张自和　陈宝书　赵文智　赵来喜

审　校　赵来喜　谷安琳

《牧草种质资源技术规范丛书》
前　　言

　　草地是我国乃至全球最大的陆地生态系统，孕育着十分丰富的牧草种质资源。因此，牧草种质资源作为全球重要的战略性资源，生态环境安全的重要保障，草业生产、牧草育种乃至农业生产的重要物质基础，生物多样性的基因宝库，生物科学研究的重要基地，民族文化的摇篮，受到世界各发达国家的高度重视。中国是世界草地大国，经纬度和海拔跨度均为世界之首，因此，在形成了纷杂的地貌、气候的基础上，繁育了十分丰富和独特的野生牧草种质资源，在国际上占有极其重要的地位。

　　然而，与其他牧草种质资源大国相比，我国过去牧草种质资源一直没有得到应有的重视，基础条件和工作一直薄弱，在收集保存和研究经费一直不足的情况下，经过几代广大牧草科技工作者的努力，收集保存1万多份。随着国家自然科技资源共享平台项目的实施，国家和各相关研究单位对牧草种质资源整理整合、共享利用工作高度重视，通过短期的整理、整合和收集共享，目前已收集保存了1.8万份种质资源，积累了大量的科学数据和技术资料，为制定标准化、信息化的牧草种质资源技术规范奠定了基础。

　　牧草种质资源技术规范的制定是实现中国牧草种质资源工作标准化、信息化和现代化，促进牧草种质资源事业跨越式发展的一项重要任务，也是牧草种质资源研究和草业发展的迫切需要。其主要作用是：①规范牧草种质资源的收集、整理、保存、鉴定、评价和利用；②度量牧草种质资源的遗传多样性和丰富度；③确保牧草种质资源的遗传完整性，拓宽利用价值，提高使用时效；④提高牧草种质资源整合的效率，实现种质资源的充分共享和高效利用。

《牧草种质资源技术规范丛书》是国内首次配套出版的牧草种质资源基础工具书，是牧草种质资源考察收集、整理鉴定、保存评价、共享利用的技术手册，其主要特点是：①充分研究牧草种质资源种类繁多的显著特性，结合资源类群学，对牧草种质资源进行类群归并分类，来进行其技术规范的汇总分析，再就其植物分类、生态、形态、农艺、生理生化、细胞、保护等多学科交叉整理，具有很高的创新性；②引用了国内外有关牧草种质资源标准规范，并参考了相关的农作物标准和规范，以及计算机、网络等先进的信息技术的标准规范，具有先进性；③由实践经验丰富和理论水平高的科学家编审，科学性和实用性强，具有权威性；④规定了牧草主要经济类群以及重要种的牧草种质资源描述规范、数据标准和数据质量控制规范，基本涵盖了牧草种质资源全部范围，具有很强的代表性和完整性。

　　《牧草种质资源技术规范丛书》是在牧草种质资源 50 多年科研工作的基础上，参照国内外相关技术标准和先进方法，组织全国 20 多家科研单位、150 多名科技人员进行编撰，并在全国范围内征求了 200 多名专家的意见，召开了多次专家咨询评审会议，经反复修改精简形成的。目前，已研究和制定出了 110 册牧草种质资源技术规范，随着进一步的验证和完善，这些技术规范将陆续予以出版，便于查阅使用。

　　《牧草种质资源技术规范丛书》的编撰出版，是国家自然科技资源共享平台建设的重要任务之一。国家自然科技资源共享平台项目由国家科技部和财政部共同立项，农业部大力支持，科技部农村与社会发展司精心组织实施，农业部科技教育司具体指导，中国农业科学院及其作物研究所、草原研究所的协调组织，全国有关科研单位、高等院校及生产推广部门的大力协助，在此谨致诚挚的谢意。

　　由于时间紧、任务重和缺乏经验，书中难免有疏漏之处，愿读者批评指正，以便修订完善。

总编辑委员会

序　言

冷地早熟禾为禾本科（Gramineae）早熟禾属（*Poa* L.）疏丛型多年生草本植物，学名 *Poa crymophila* Keng ex C. Ling。英文名 Cold-meadow Bluegrass。正常体细胞染色体 $2n = 2x = 28$。

冷地早熟禾主要分布于中国青海、甘肃、西藏、四川和新疆等地，国外仅印度有少量分布。其适应性很强，海拔高度达 2 500~5 000m。冷地早熟禾对青藏高原的生态环境具有特殊的适应性，是高寒地区人工种草和草地改良的当家品种。具有抗寒、耐旱、耐盐碱的特性。对土地要求不严，草原、山坡草地、草甸及河边沙砾地均可生长。

冷地早熟禾具有广泛的生态幅度，能适应高原复杂的生境条件。在各种类型的草场上，常作为伴生种出现，与疏丛型禾草、杂类草组成不同的群落。冷地早熟禾草质优良、适口性好、产量高、利用年限长、耐牧性强。是冬性优等牧草，水肥及管理条件好的草地其可利用10多年。营养生长期较长，茎秆柔软，略带甜味，适口性好；种子成熟后枝叶仍保持青绿，叶片不易脱落且占比重较大，是割草和放牧类型的优良牧草。冷地早熟禾是适宜中国高寒牧区种植的优质牧草和绿化草坪草。在中国始于20世纪70年代初开展冷地早熟禾新品种选育工作，已经通过审定登记的新品种有"青海冷地早熟禾"。

冷地早熟禾种质资源是高寒草地多年生禾草新品种选育和农业生产的重要植物资源之一。冷地早熟禾种质资源的广泛收集、交换、研究和开发利用，必将对畜牧业的发展和牧草新品种的筛选和培育起到重要作用。冷地早熟禾不仅是高寒草地家畜和野生动物的重要饲草，也是高寒地区生态环境的护卫者，在水土保持和防风固沙等方面也具有重要的作用。它是早熟禾品种中珍贵的种质材料，可作为寒冷、高海拔和极端生境中的优良草坪草种，具有很强的抗逆性。因此，合理利用和长期保护冷地早熟禾种质资源，进行收集、保存、实物共享和资源研究是进一步挖掘冷地早熟种质资源及新品种选育与科学研究的重要物质基础。

规范标准是国家自然科技资源共享平台建设的基础，冷地早熟禾种质资源描述规范和数据标准的制定是国家牧草种质资源平台建设的重要内容。制定统一的冷地早熟禾种质资源规范标准，有利于整合全国冷地早熟禾种质资源，规范冷地早熟禾种质资源的收集、整理和保存等基础性工作，创造良好的资源和信息共享环境和条件；有利于保护和利用冷地早熟禾种质资源，充分挖掘其潜在的经济价值、社会价值和生态价值，促进全国冷地早熟禾种质资源研究的有序和高效发展。

冷地早熟禾种质资源描述规范规定了冷地早熟禾种质资源的描述符及其分级标准，以便对冷地早熟禾种质资源进行标准化整理和数字化表达。冷地早熟禾种质资源数据标准规定了冷地早熟禾种质资源各描述符的字段名称、类型、长度、小数位、代码等，以便建立统一、规范的冷地早熟禾种质资源数据库。冷地早熟禾种质资源数据质量控制规范规定了冷地早熟禾种质资源数据采集全过程的质量控制内容和质量控制方法，以保证数据的系统性、可比性和可靠性。

《冷地早熟禾种质资源描述规范和数据标准》由中国农业科学院兰州畜牧与兽药研究所主持编写，并得到了全国牧草科研、教学和生产单位的大力支持。在编写过程中，参考了国内外大量文献，由于篇幅所限，书中仅列主要参考文献，在此一并致谢。由于编著者水平有限，错误和疏漏之处在所难免，恳请批评指正。

编著者

2010 年 10 月

目　　录

一 冷地早熟禾种质资源描述规范和
数据标准制定的原则与方法

1 冷地早熟禾种质资源描述规范制定的原则和方法

1.1 原则

1.1.1 优先考虑现有数据库中的描述符和描述标准。

1.1.2 以资源研究和牧草育种需求为主，兼顾生产需要。

1.1.3 立足中国现有基础，考虑将来发展，尽量与国际接轨。

1.2 方法和要求

1.2.1 描述符类别分为 6 类。

　　　1　　基本情况数据

　　　2　　形态特征生物学特性

　　　3　　品质特性

　　　4　　抗逆性

　　　5　　抗病性

　　　6　　其他特征特性

1.2.2 描述符代号由描述符类别加两位顺序号组成，如"132"、"247"等。

1.2.3 描述符性质分为 3 类。

　　　M　　必选描述符（所有资源都必须要鉴定评价的描述符）

　　　O　　可选描述符（可选择鉴定评价的描述符）

　　　C　　条件描述符（只对特定资源进行鉴定评价的描述符）

1.2.4 描述符的代码是有序的，数量性状从细到粗、从低到高、从小到大、从少到多排列，颜色从浅到深，抗性从强到弱等。

1.2.5 对每个描述符有一个基本的定义或说明，数量性状标明单位，质量性状有评价标准和等级划分。

1.2.6 植物学形态描述符应有模式图。

1.2.7 重要数量性状以数值表示。

2 冷地早熟禾种质资源数据标准制定的原则和方法

2.1 原则

2.1.1 数据标准中的描述符应与描述规范相一致。

2.1.2 数据标准应优先考虑现有牧草数据库中的数据标准。

2.2 方法和要求

2.2.1 数据标准中的描述符代号应与描述规范中的代号相一致。

2.2.2 字段名最长 12 位。

2.2.3 字段类型分字符型（C）、数值型（N）和日期型（D）。日期型的格式为 YYYYMMDD。

2.2.4 经度的类型为 N，格式为 DDDFFMM；纬度的类型为 N，格式为 DDFFMM，其中 D 为度，F 为分，M 为秒；东经以正数表示，西经以负数表示；北纬以正数表示，南纬以负数表示。

3 冷地早熟禾种质资源数据质量控制规范制定的原则和方法

3.1 采集的数据应具有系统性、可比性和可靠性。

3.2 数据质量控制以过程控制为主，兼顾结果控制。

3.3 数据质量控制方法应具有可操作性。

3.4 鉴定评价方法的选定要保持先进性和可行性。以已有的国家标准和行业标准为首选依据；如无国家标准和行业标准，则以国际标准或国内比较公认的先进方法为依据。

3.5 每个描述符的质量控制应包括田间设计，样本数或群体大小，时间或时期，取样数和取样方法，计量单位和精度，采用的鉴定评价规范和标准，采用的仪器设备，性状的观测和等级划分方法，数据校验和数据分析。

二 冷地早熟禾种质资源描述简表

序号	代号	描述符	描述符性质	单位或代码
1	101	全国统一编号	M	
2	102	种质库编号	M	
3	103	种质圃编号	C/保存圃内的种质	
4	104	引种号	C/国外种质	
5	105	采集号	C/野生种质和地方品种	
6	106	种质名称	M	
7	107	种质外文名	M	
8	108	科名	M	
9	109	属名	M	
10	110	学名	M	
11	111	原产国	M	
12	112	原产省	M	
13	113	原产地	M	
14	114	海拔	C/野生资源和地方品种	m
15	115	经度	C/野生资源和地方品种	
16	116	纬度	C/野生资源和地方品种	
17	117	来源地	M	
18	118	保存单位	M	
19	119	保存单位编号	M	
20	120	系谱	C/选育品种和品系	
21	121	选育单位	C/选育品种和品系	
22	122	育成年份	C/选育品种和品系	
23	123	选育方法	C/选育品种和品系	
24	124	种质类型	M	1:野生资源　2:地方品种 3:选育品种　4:品系 5:遗传材料　6:其他
25	125	图像	M	
26	126	观测地点	M	
27	201	根主要特征	O	

（续表）

序号	代号	描述符	描述符性质	单位或代码
28	202	茎秆形态	M	1:直立　2:基部膝曲
29	203	茎秆节数	M	节
30	204	叶鞘与节间比较	O	1:短于节间　2:长于节间
31	205	叶舌长度	O	mm
32	206	叶片形态	O	1:对折　2:稍内卷 3:内卷
33	207	叶片长度	M	cm
34	208	叶片宽度	M	mm
35	209	叶片颜色	M	1:黄绿色　2:灰绿色　3:浅绿色　4:绿色　5:深绿色
36	210	花序长度	M	cm
37	211	花序宽度	M	mm
38	212	分枝数	M	枝/节
39	213	分枝形态	M	1:上举　2:平展
40	214	小穗数	M	枚/小枝
41	215	小穗颜色	M	1:绿色　2:略带紫色
42	216	小花数	M	枚/小穗
43	217	颖形状	M	1:披针形　2:卵状披针形
44	218	第一颖长度	M	mm
45	219	第二颖长度	M	mm
46	220	外稃长度	M	mm
47	221	外稃被毛	M	0:无　1:有
48	222	基盘被毛	M	0:无　1:少量
49	223	内稃长度	M	mm
50	224	花药长度	O	mm
51	225	颖果长度	M	mm
52	226	播种期	C/当年播种的种质	YYYYMMDD
53	227	出苗期	C/当年播种的种质	YYYYMMDD
54	228	返青期	C/越年的种质	YYYYMMDD

（续表）

序号	代号	描述符	描述符性质	单位或代码
55	229	分蘖期	M	YYYYMMDD
56	230	拔节期	M	YYYYMMDD
57	231	孕穗期	M	YYYYMMDD
58	232	抽穗期	M	YYYYMMDD
59	233	开花期	M	YYYYMMDD
60	234	乳熟期	M	YYYYMMDD
61	235	蜡熟期	M	YYYYMMDD
62	236	完熟期	M	YYYYMMDD
63	237	枯黄期	M	YYYYMMDD
64	238	成熟期一致性	O	1:一致 2:较一致 3:不一致
65	239	叶层高度	M	cm
66	240	生殖枝高度	M	cm
67	241	生育天数	M	d
68	242	熟性	M	1:早熟 2:中熟 3:晚熟
69	243	生长天数	M	d
70	244	再生性	O	1:良好 2:中等 3:较差
71	245	结实率	O	%
72	246	落粒性	O	1:不脱落 2:稍脱落 3:脱落
73	247	茎叶比	M	1:X
74	248	鲜草产量	M	kg/hm^2
75	249	干草产量	M	kg/hm^2
76	250	干鲜比	O	%
77	251	种子产量	M	kg/hm^2
78	252	分蘖数	O	枝
79	253	越冬率	M	%
80	254	观测年龄	O	a
81	255	生长寿命	O	1:短寿 2:中寿 3:长寿

（续表）

序号	代号	描述符	描述符性质	单位或代码
82	256	千粒重	M	g
83	257	发芽势	O	%
84	258	发芽率	M	%
85	259	发芽率检测时间	M	YYYYMMDD
86	260	种子生活力	O	%
87	261	种子寿命	O	1:短命　2:中命　3:长命
88	301	水分含量	O	%
89	302	粗蛋白质含量	M	%
90	303	粗脂肪含量	M	%
91	304	粗纤维含量	M	%
92	305	无氮浸出物含量	M	%
93	306	粗灰分含量	M	%
94	307	钙含量	O	%
95	308	磷含量	O	%
96	309	天门冬氨酸含量	O	%
97	310	苏氨酸含量	O	%
98	311	丝氨酸含量	O	%
99	312	谷氨酸含量	O	%
100	313	脯氨酸含量	O	%
101	314	甘氨酸含量	O	%
102	315	丙氨酸含量	O	%
103	316	缬氨酸含量	O	%
104	317	胱氨酸含量	O	%
105	318	蛋氨酸含量	O	%
106	319	异亮氨酸含量	O	%
107	320	亮氨酸含量	O	%
108	321	酪氨酸含量	O	%
109	322	苯丙氨酸含量	O	%

（续表）

序号	代号	描述符	描述符性质	单位或代码
110	323	赖氨酸含量	O	%
111	324	组氨酸含量	O	%
112	325	精氨酸含量	O	%
113	326	色氨酸含量	O	%
114	327	中性洗涤纤维	O	%
115	328	酸性洗涤纤维	O	%
116	329	样品分析单位	O	
117	330	茎叶质地	M	1:柔软　2:略粗糙
118	331	适口性	M	1:嗜食　2:喜食　3:乐食 4:采食
119	332	利用期限	O	a
120	333	草坪质地	O	1:优　2:良好　3:一般 4:差　5:极差
121	334	草坪色泽	O	1:优　2:良好　3:一般 4:差　5:极差
122	335	草坪密度	O	枝条数/m²
123	336	草坪盖度	O	%
124	337	草坪均一性	O	1:优　2:良好　3:一般 4:差　5:极差
125	338	草坪回弹性	O	%
126	401	抗旱性	O	1:强　3:较强　5:中等 7:弱　9:最弱
127	402	抗寒性	O	1:强　3:较强　5:中等 7:弱　9:最弱
128	403	耐盐性	O	1:强　3:较强　5:中等 7:弱　9:最弱
129	404	耐热性	O	1:强　3:较强　5:中等 7:弱　9:最弱
130	501	病侵害度	M	1:无　3:轻微　5:中等 7:严重　9:极严重
131	502	锈病抗性	O	1:高抗　3:抗病　5:中抗 7:感病　9:高感

（续表）

序号	代号	描述符	描述符性质	单位或代码
132	503	黑粉病抗性	O	1:高抗　3:抗病　5:中抗 7:感病　9:高感
133	504	早熟禾叶枯病抗性	O	1:高抗　3:抗病　5:中抗 7:感病　9:高感
134	505	虫侵害度	M	1:无　3:轻微　5:中等 7:严重　9:极严重
135	506	麦二叉蚜虫抗性	O	1:高抗　3:抗　5:中抗 7:低抗　9:不抗
136	507	网螟抗性	O	1:高抗　3:抗　5:中抗 7:低抗　9:不抗
137	601	核型	O	$2n = 2x = 28$
138	602	指纹图谱与分子标记	O	
139	603	种质保存类型	M	1:种子　2:植株　3:花粉 4:培养物　5:DNA
140	604	实物状况	M	1:好　2:中　3:差
141	605	种质用途	M	1:饲用　2:育种材料 3:坪用　4:生态
142	606	备注	O	

三 冷地早熟禾种质资源描述规范

1 范围

本规范规定了冷地早熟禾种质资源的描述符及其分级标准。

本规范适用于冷地早熟禾种质资源的搜集、整理和保存，数据标准和数据质量控制规范的制定，以及数据库和信息共享网络系统的建立。

2 规范性引用文件

下列文件中的条款通过本标准的引用而成为本标准的条款。凡是注日期的引用文件，其随后所有的修改单（不包括勘误的内容）或修订版均不适用于本规范。然而，鼓励根据本规范达成协议的各方，研究是否可使用这些文件的最新版本。凡是不注日期的引用文件，其最新版本适用于本规范。

ISO 3166 Codes for the Representation of Names of Countries

GB/T 2659 世界各国和地区名称代码

GB/T 2260 中华人民共和国行政区划代码

GB/T 12404 单位隶属关系代码

GB/T 2930 牧草种子检验规程

GB/T 6142 禾本科主要栽培牧草种子质量分级

GB/T 6432 饲料中粗蛋白测定方法

GB/T 6433 饲料粗脂肪测定方法

GB/T 6434 饲料中粗纤维测定方法

GB/T 6435 饲料水分的测定方法

GB/T 6436 饲料中钙的测定方法

GB/T 6437 饲料中总磷的测定 分光光度法

GB/T 6438 饲料中粗灰分的测定方法

GB/T 18246 饲料中氨基酸的测定

GB/T 20806 饲料中中性洗涤纤维（NDF）的测定

NY/T 634 草坪质量分级

GB/T 8170 数值修约规则

ISTA 国际种子检验规程

3 术语和定义

3.1 冷地早熟禾

冷地早熟禾为禾本科（Gramineae）早熟禾属（*Poa* L.）的一个种，多年生草本植物，学名 *Poa crymophil* Keng ex C. Ling，主要供饲用，亦可用于生态工程。

3.2 冷地早熟禾种质资源

冷地早熟禾种质资源是经过长期自然选择和人工培育而成的有生命的可再生自然资源。包括野生资源、地方品种、育成品种、品系和遗传材料等。

3.3 基本信息

冷地早熟禾种质资源基本情况信息，包括全国统一编号、种质名称、学名、原产地、种质类型等。

3.4 形态特征和生物学特性

冷地早熟禾种质资源的植物学形态、物候期、产量性状等特征特性。

3.5 品质特性

冷地早熟禾种质资源的营养品质性状，包括牧草的营养成分含量、品质及适口性等。

3.6 抗逆性

冷地早熟禾种质资源对各种非生物胁迫的适应或抵抗能力，包括抗旱性、抗寒性、耐盐性等。

3.7 抗病虫性

冷地早熟禾种质资源对各种病虫害胁迫的适应或抵抗能力。

3.8 其他特征特性

未归入 3.3~3.7 中的冷地早熟禾种质资源的其他重要基本特征或性状，如种质用途、核型及指纹图谱与分子标记等。

4 基本信息

4.1 全国统一编号

种质的惟一标志号，冷地早熟禾种质资源的全国统一编号由"CF"（代表 China Forage）加 6 位顺序号组成。

4.2　种质库编号

冷地早熟禾种质在国家农作物种质资源长期库中的编号，由"I7B"加5位顺序号组成。

4.3　种质圃编号

种质在国家多年生和无性繁殖圃的编号。牧草圃种质编号为"GPMC"加4位顺序号组成。

4.4　引种号

冷地早熟禾种质从国外引入时赋予的编号。

4.5　采集号

冷地早熟禾种质在野外采集时赋予的编号。

4.6　种质名称

冷地早熟禾种质的中文名称。如果国外引进种质没有中文名，可空缺。

4.7　种质外文名

国外引进冷地早熟禾种质的原有外文名或国内种质的汉语拼音名。

4.8　科名

Gramineae（禾本科）。

4.9　属名

Poa L.　（早熟禾属）。

4.10　学名

Poa crymophil Keng ex C. Ling（冷地早熟禾）。

4.11　原产国

冷地早熟禾种质原产国家名称、地区名称或国际组织名称。

4.12　原产省

中国国内冷地早熟禾种质的原产省份名称；国外引进的冷地早熟禾种质原产国家一级行政区的名称。

4.13　原产地

中国国内冷地早熟禾种质的原产县、乡、村名称。

4.14　海拔

冷地早熟禾种质原产地的海拔高度。单位为 m。

4.15　经度

冷地早熟禾种质原产地的经度，单位为（°）、（′）和（″）。格式为 DDDFFMM，其中 DDD 为度，FF 为分，MM 为秒。

4.16　纬度

冷地早熟禾种质原产地的纬度，单位为（°）、（′）和（″）。格式为 DDFFMM，其中 DD 为度，FF 为分，MM 为秒。

4.17 来源地

国外引进冷地早熟禾种质的来源国家名称，地区名称或国际组织名称；国内冷地早熟禾种质的来源省、县名称。

4.18 保存单位

冷地早熟禾种质提交国家农作物种质资源长期库前的原保存单位名称。

4.19 保存单位的编号

冷地早熟禾种质在原保存单位赋予的种质编号。

4.20 系谱

冷地早熟禾选育品种（品系）的亲缘关系。

4.21 选育单位

选育冷地早熟禾品种（品系）的单位或个人。

4.22 育成年份

冷地早熟禾品种（品系）选育成功，经审定（鉴定）通过的年份。

4.23 选育方法

冷地早熟禾品种（品系）的育种方法。

4.24 种质类型

冷地早熟禾种质类型分以下 6 类。

　　　　1　　野生资源

　　　　2　　地方品种

　　　　3　　选育品种

　　　　4　　品系

　　　　5　　遗传材料

　　　　6　　其他

4.25 图像

冷地早熟禾种质的图像文件名。图像格式为".jpg"。

4.26 观测地点

冷地早熟禾种质形态特征和生物学特性观测地点的名称。

5 形态特征和生物学特性

5.1 根主要特征

开花期，冷地早熟禾种质根系的主要特征。用文字描述。

5.2 茎秆形态

开花期，冷地早熟禾种质茎秆形态（图1）。

　　　　1　　<u>直立</u>

2　　基部膝曲

1　　　　　　　　　　　　　　2

图1　茎秆形态

5.3　茎秆节数

开花期，冷地早熟禾种质茎秆的节数。单位为节。

5.4　叶鞘与节间比较

开花期，冷地早熟禾种质植株中部的叶鞘长于或短于节间。

1　短于节间
2　长于节间

5.5　叶舌长度

开花期，冷地早熟禾种质植株中部叶的叶舌长度。单位为mm。

5.6　叶片形态

开花期，冷地早熟禾种质植株中部叶片的自然形态（图2）。

1　对折
2　稍内卷
3　内卷

1　　　　　　2　　　　　　3

图2　叶片形态
（引自《中国主要植物图说—禾本科》）

5.7　叶片长度

开花期，冷地早熟禾种质植株中部叶片的绝对长度。单位为cm。

5.8　叶片宽度

冷地早熟禾开花期植株中部叶片最宽处的绝对长度。单位为mm。

5.9 叶片颜色

冷地早熟禾开花期植株中部叶片正面的颜色。

　　　　1　　黄绿色
　　　　2　　灰绿色
　　　　3　　浅绿色
　　　　4　　绿色
　　　　5　　深绿色

5.10 花序长度

开花期，冷地早熟禾种质花序的自然长度。单位为 cm。

5.11 花序宽度

冷地早熟禾开花期花序最宽处的自然长度。单位为 mm。

5.12 分枝数

开花期，冷地早熟禾种质花序主轴每节分枝数。单位为枝/节。

5.13 分枝形态

开花期，冷地早熟禾种质花序主轴上分枝的形态（图3）。

　　　　1　　上举
　　　　2　　平展

1　　　　　　　　　　　　　　2

图3　叶片形态

5.14 小穗数

开花期，冷地早熟禾种质花序主轴中部分枝上每小枝着生的小穗数。单位为枚/小枝。

5.15 小穗颜色

开花期，冷地早熟禾种质花序主轴中部分枝上小穗的颜色。

　　　　1　　绿色
　　　　2　　略带紫色

5.16　小花数

开花期，冷地早熟禾种质花序主轴中部分枝上小穗所含的小花数。单位为枚/小穗。

5.17　颖形状

开花期，冷地早熟禾种质小穗第一颖的形状（图4）。

　　　1　　　披针形
　　　2　　　卵状披针形

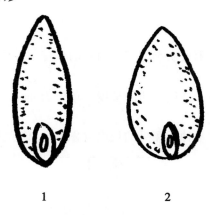

1　　　　　　　　2

图4　颖形状

5.18　第一颖长度

开花期，冷地早熟禾种质小穗第一颖的长度。单位为 mm。

5.19　第二颖长度

开花期，冷地早熟禾种质小穗第二颖的长度。单位为 mm。

5.20　外稃长度

开花期，冷地早熟禾种质花序中部分枝上小穗第一外稃的长度（图5）。单位为 mm。

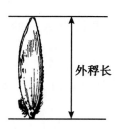

外稃长

图5　外稃长示意图

5.21 外稃被毛

开花期，冷地早熟禾种质小穗第一外稃是否被毛。

    0   无

    1   有

5.22 基盘被毛

开花期，冷地早熟禾种质外稃基盘上是否被毛。

    0   无

    1   少量

5.23 内稃长度

开花期，冷地早熟禾种质小穗第一内稃的长度。单位为 mm。

5.24 花药长度

开花期，冷地早熟禾种质花药的长度。单位为 mm。

5.25 颖果长度

完熟期，冷地早熟禾种质颖果的长度（图6）。单位为 mm。

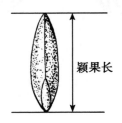

图6　颖果长示意图

5.26 播种期

种子播种的日期。以年月日表示，格式为 YYYYMMDD。

5.27 出苗期

种子萌发出土的日期。以年月日表示，格式为 YYYYMMDD。

5.28 返青期

越冬或越夏以后植株恢复生长为绿色的时期。以年月日表示，格式为 YYYYMMDD。

5.29 分蘖期

从分蘖节产生侧枝的时期。以年月日表示，格式为 YYYYMMDD。

5.30 拔节期

在地面出现第一个茎节的时期。以年月日表示，格式为 YYYYMMDD。

5.31 孕穗期

花序包在旗叶叶鞘中而未显示出来的时期。以年月日表示，格式为 YYYYM-

MDD。

5.32 抽穗期

花序从旗叶叶鞘中抽出但未散花粉的时期。以年月日表示，格式为 YYYYM-MDD。

5.33 开花期

雄蕊从稃壳中伸出，花药开始散发花粉的时期。以年月日表示，格式为 YYYYMMDD。

5.34 乳熟期

种子发育早期，胚乳为乳状时期。以年月日表示，格式为 YYYYMMDD。

5.35 蜡熟期

禾种子完全发育，胚乳为蜡状时期。以年月日表示，格式为 YYYYMMDD。

5.36 完熟期

种子变坚硬，常开始脱落的时期，此时叶由绿色到黄褐色。以年月日表示，格式为 YYYYMMDD。

5.37 枯黄期

种子成熟后，茎叶干枯的时期。以年月日表示，格式为 YYYYMMDD。

5.38 成熟期一致性

群体内个体成熟期的一致性。

    1 一致
    2 较一致
    3 不一致

5.39 叶层高度

开花期，从地面到叶层分布最高点的自然高度。单位为 cm。

5.40 生殖枝高度

开花期，从地面到植株生殖枝最高点的自然高度。单位为 cm。

5.41 生育天数

由出苗（返青）到种子完全成熟的总天数。单位为 d。

5.42 熟性

冷地早熟禾栽培品种成熟期的早晚。分3类。

    1 早熟
    2 中熟
    3 晚熟

5.43 生长天数

从出苗（返青）到枯黄的天数。单位为 d。

5.44 再生性

被刈割或放牧利用后重新恢复绿色株丛的能力。分为 3 级。

    1   良好

    2   中等

    3   较差

5.45 结实率

单株植物中成熟的种子数占小花总数的百分比。以%表示。

5.46 落粒性

颖果成熟后从植株上自然散落的程度。分 3 级。

    1   不脱落

    2   稍脱落

    3   脱落

5.47 茎叶比

开花期，一株（丛）植物的茎风干重与叶风干重之比。表示方法为 $1:X$。

5.48 鲜草产量

一个生长周期中花期单位面积鲜草的累计产量。单位为 kg/hm^2。

5.49 干草产量

一个生长周期中花期单位面积自然风干后的干草累计产量。单位为 kg/hm^2。

5.50 干鲜比

开花期，单位面积的干草重量占其鲜重量的百分比。以%表示。

5.51 种子产量

成熟期，单位面积的种子产量。单位为 kg/hm^2。

5.52 分蘖数

由分蘖而形成的地上枝条数。单位为枝/株（m^2）。

5.53 越冬率

单位面积内返青的株丛数占越冬前株丛总数的百分比。以%表示。

5.54 观测年龄

观测当年试验小区冷地早熟禾的建植年龄。单位为 a。

5.55 生长寿命

从播种到田间株丛存活率高于30%的总年限。

    1   短命

    2   中命

    3   长命

5.56 千粒重

1 000粒成熟种子（颖果）的重量。单位为 g。

5.57　发芽势

种子在发芽检测初期规定的天数内，正常发芽的种子数占供试种子的百分比。以%表示。

5.58　发芽率

在实验室控制及标准条件下对种子发芽率进行检测，至发芽终期全部正常发芽的种子数占供试种子的百分比。以%表示。

5.59　发芽率检测时间

种子发芽率的检测时间。以年月日表示，格式为 YYYYMMDD。

5.60　种子生活力

种子发芽潜力或种子胚所具有的生命力。以%表示。

5.61　种子寿命

在一定环境条件下种子生活力保持的期限。分 3 类。

   1 短命
   2 中命
   3 长命

6　品质特性

6.1　水分含量

开花期，样品中水分占干物质的百分比。以%表示。

6.2　粗蛋白质含量

开花期，样品中粗蛋白质占干物质的百分比。以%表示。

6.3　粗脂肪含量

开花期，样品中粗脂肪占干物质的百分比。以%表示。

6.4　粗纤维含量

开花期，样品中粗纤维素占干物质的百分比。以%表示。

6.5　无氮浸出物含量

开花期，样品中无氮浸出物占干物质的百分比。以%表示。

6.6　粗灰分含量

开花期，样品中灰分占干物质的百分比。以%表示。

6.7　钙含量

开花期，样品中钙占干物质的百分比。以%表示。

6.8　磷含量

开花期，样品中磷占干物质的百分比。以%表示。

6.9～6.26 氨基酸含量

开花期，样品中各种氨基酸分别占干物质的百分比。以%表示。

6.27 中性洗涤纤维含量

用中性洗涤剂处理样品后所得的不溶残渣占干物质的百分比。以%表示。

6.28 酸性洗涤纤维含量

用酸性洗涤剂处理样品后所得的不溶残渣占干物质的百分比。以%表示。

6.29 样品分析单位

样品分析单位名称。

6.30 茎叶质地

冷地早熟禾茎、叶青鲜时的柔软性。

  1 柔软

  2 略粗糙

6.31 适口性

牲畜对冷地早熟禾的嗜食程度。

  1 嗜食

  2 喜食

  3 乐食

  4 采食

6.32 利用期限

冷地早熟禾在田间建植后，地上部分可利用的年限。

6.33 草坪质地

冷地早熟禾种质草坪叶片宽度大小的指标。

  1 优

  2 良好

  3 一般

  4 差

  5 极差

6.34 草坪色泽

冷地早熟禾种质草坪植物反射日光后对人眼的颜色感觉。

  1 优

  2 良好

  3 一般

  4 差

  5 极差

6.35　草坪密度

冷地早熟禾种质单位面积上草坪植株个体或枝条的数量。单位为枝条数/m²。

6.36　草坪盖度

冷地早熟禾种质单位面积内草坪植株的垂直投影面积所占百分比。以%表示。

6.37　草坪均一性

冷地早熟禾种质草坪质地、颜色、密度、整齐性等差异程度的综合反映。

  1 优

  2 良好

  3 一般

  4 差

  5 极差

6.38　草坪回弹性

冷地早熟禾种质草坪弹性的间接表示指标，指草坪草在外力作用下产生变形，除去外力后变形随即消失的性能。以%表示。

7　抗逆性

7.1　抗旱性

冷地早熟禾忍耐或抵抗干旱的能力。

  1 强

  3 较强

  5 中等

  7 弱

  9 最弱

7.2　抗寒性

冷地早熟禾忍耐或抵抗低温的能力。

  1 强

  3 较强

  5 中等

  7 弱

  9 最弱

7.3　耐盐性

冷地早熟禾在 NaCl 或混合盐分环境中忍耐盐分，并维持生长的能力。

  1 强

3	较强
5	中等
7	弱
9	最弱

7.4 耐热性

冷地早熟禾地上部分忍耐高温的能力。

1	强
3	较强
5	中等
7	弱
9	最弱

8 抗病性

8.1 病侵害度

冷地早熟禾受病侵害的程度。

1	无
3	轻微
5	中等
7	严重
9	极严重

8.2 锈病抗性

冷地早熟禾对锈病（*Puccinia* spp.）抗性的强弱。

1	高抗
3	抗病
5	中抗
7	感病
9	高感

8.3 黑粉病抗性

冷地早熟禾对黑粉病（*Urocystis* spp.，*Ustilago* spp.，*Tilletia* spp.）抗性的强弱。

1	高抗
3	抗病
5	中抗
7	感病

9　高感

8.4　早熟禾叶枯病抗性

冷地早熟禾对早熟禾叶枯病（*Drechslera poae*）抗性的强弱。

1　高抗

3　抗病

5　中抗

7　感病

9　高感

8.5　虫侵害度

冷地早熟禾受虫侵害的程度。

1　无

3　轻微

5　中等

7　严重

9　极严重

8.6　麦二叉蚜虫抗性

冷地早熟禾对麦二叉蚜虫（*Schizaphis graminum*）抗性的强弱。

1　高抗

3　抗

5　中抗

7　低抗

9　不抗

8.7　网螟抗性

冷地早熟禾对网螟（*Crambus* spp.）抗性的强弱。

1　高抗

3　抗

5　中抗

7　低抗

9　不抗

9　其他特征特性

9.1　核型

表示冷地早熟禾染色体的数目、大小、形态和结构特征的公式。

9.2　指纹图谱与分子标记

冷地早熟禾种质指纹图谱和重要性状的分子标记类型及其特征参数。

9.3　种质保存类型

冷地早熟禾种质被保存的类型。分以下 5 类。

　　　　1　　种子
　　　　2　　植株
　　　　3　　花粉
　　　　4　　培养物
　　　　5　　DNA

9.4　实物状况

冷地早熟禾种质的质量状况。分 3 级。

　　　　1　　好
　　　　2　　中
　　　　3　　差

9.5　种质用途

冷地早熟禾种质的用途。

　　　　1　　饲用
　　　　2　　育种材料
　　　　3　　坪用
　　　　4　　生态

9.6　备注

冷地早熟禾种质特殊描述符或特殊代码的具体说明。

四 冷地早熟禾种质资源数据标准

序号	代号	描述符	字段名	字段英文名	字段类型	字段长度	字段小数位	单位	代码	代码英文名	例子
1	101	全国统一编号	统一编号	Accession number	C	8					CF006548
2	102	种质库编号	种质库编号	Genebank number	C	8					I7B06843
3	103	种质圃编号	种质圃编号	Nursery number	C	8					GPMC0680
4	104	引种号	引种号	Introduction number	C	8					20060511
5	105	采集号	采集号	Collection number	C	10					20090608
6	106	种质名称	种质名称	Accession Chinese name	C	30					冷地早熟禾
7	107	种质外文名	种质外文名	Alien name	C	30					Cold Meadowgrass
8	108	科名	科名	Family	C	30					禾本科
9	109	属名	属名	Genus	C	30					早熟禾属

（续表）

序号	代号	描述符	字段名	字段英文名	字段类型	字段长度	字段小数位	单位	代码	代码英文名	例子
10	110	学名	学名	Species	C	50					Poa crymophil Keng ex C. Ling
11	111	原产国	国家	Country of origin	C	16					中国
12	112	原产省	省	Province of origin	C	20					青海
13	113	原产地	原产地	Origin	C	50					玉树县
14	114	海拔	海拔	Altitude	N	4	0	m			3600
15	115	经度	经度	Longitude	N	6	0				0970154
16	116	纬度	纬度	Latitude	N	5	0				33 0125
17	117	来源地	来源地	Sample source	C	30					青海玉树
18	118	保存单位	保存单位	Donor institute	C	40					中国农业科学院兰州畜牧与兽药研究所
19	119	保存单位编号	单位编号	Donor accession number	C	40					LM-H1190
20	120	系谱	系谱	Pedigree	C	50					

（续表）

序号	代号	描述符	字段名	字段英文名	字段类型	字段长度	字段小数位	单位	代码	代码英文名	例子
21	121	选育单位	选育单位	Breeding institute	C	40					青海省畜牧兽医科学院
22	122	育成年份	育成年份	Releasing year	N	4					2003
23	123	选育方法	选育方法	Breeding methods	C	20					系选
24	124	种质类型	种质类型	Biological status of accession	C	10			1：野生资源 2：地方品种 3：育成品种 4：品系 5：遗传材料 6：其他	1: Wild 2: Traditional cultivar/ Landrace 3: Advanced/improved cultivar 4: Breeding line 5: Genetic stocks 6: Other	育成品种
25	125	图像	图像	Image file name	C	30					
26	126	观测地点	观测地点	Observation location	C	16					兰州市大连山
27	201	根主要特征	根主要特征	Root characteristic	C	70					
28	202	茎秆形态	茎秆形态	Stem form	C	4			1：直立 2：基部膝曲	1: Erect 2: Geniculate at the base	直立
29	203	茎秆节数	茎秆节数	Number of culm joint	N	2	0	节			3

（续表）

序号	代号	描述符	字段名	字段英文名	字段类型	字段长度	字段小数位	单位	代码	代码英文名	例子
30	204	叶鞘与节间比较	叶鞘与节间比较	Status of sheath to internode	C	8			1：短于节间 2：长于节间	1：Shorter than internode 2：Longer than internode	短于节间
31	205	叶舌长度	叶舌长度	Length of ligule	N	2	1	mm			
32	206	叶片形态	叶片形态	Blade form	C	6			1：对折 2：稍内卷 3：内卷	1：Folded 2：Slightly involute 3：Involute	对折
33	207	叶片长度	叶片长度	Length of blade	N	5	1	cm			6.7
34	208	叶片宽度	叶片宽度	Width of blade	N	2	0	mm			8
35	209	叶片颜色	叶片颜色	Blade color	C	4			1：黄绿色 2：灰绿色 3：浅绿色 4：绿色 5：深绿色	1：Yellowish green 2：Greyish green 3：Light green 4：Green 5：Dark green	绿色
36	210	花序长度	花序长度	Length of inflorescence	N	5	1	cm			9.5
37	211	花序宽度	花序宽度	Width of inflorescence	N	3	0	mm			7
38	212	分枝数	分枝数	Branch number on joint of main rachis	N	5	0	枝/节			5

（续表）

序号	代号	描述符	字段名	字段英文名	字段类型	字段长度	字段小数位	单位	代码	代码英文名	例子
39	213	分枝形态	分枝形态	Branch attitude	C	6			1: 上举 2: 平展	1: Spreading 2: Ascending	上举
40	214	小穗数	小穗数	Number of spikelet	N	6		枚/小枝			2～3
41	215	小穗颜色		Spikelet color	C	8			1: 绿色 2: 略带紫色	1: Green 2: Slightly purple	略带紫色
42	216	小花数	小花数	Number of floret	N	6		枚/小穗			4～5
43	217	颖形状	颖形状	Glume shape	C	14			1: 披针形 2: 卵状披针形	1: Lanceolate 2: Ovate-lanceolate	披针形
44	218	第一颖长度	第一颖长度	Length of the first glume	N	2	1	mm			2.2
45	219	第二颖长度	第二颖长度	Length of the second glume	N	2	1	mm			3.5
46	220	外稃长度	外稃长度	Length of lemma	N	2	0	mm			3.2
47	221	外稃被毛	外稃被毛	Hair of lemma	C	4			0: 无 1: 有	0: Absent 1: Present	有
48	222	基盘被毛	基盘被毛	Hair of callus	C	4			0: 无 1: 少量	0: Absent 1: Slight	无
49	223	内稃长度	内稃长度	Length of palea	N	2	1	mm			3.0

（续表）

序号	代号	描述符	字段名	字段英文名	字段类型	字段长度	字段小数位	单位	代码	代码英文名	例子
50	224	花药长度	花药长度	Length of anther	N	2	1	mm			1.2
51	225	颖果长度	颖果长度	Length of caryopsis	N	2	0	mm			3
52	226	播种期	播种期	Seeding date	D	8					20080411
53	227	出苗期	出苗期	Seedling stage	D	8					20080520
54	228	返青期	返青期	Turning green stage	D	8					20090512
55	229	分蘖期	分蘖期	Tillering stage	D	8					20090608
56	230	拔节期	拔节期	Jointing stage	D	8					20090625
57	231	孕穗期	孕穗期	Booting stage	D	8					20090709
58	232	抽穗期	抽穗期	Heading stage	D	8					20090718
59	233	开花期	开花期	Flowering stage	D	8					20090729
60	234	乳熟期	乳熟期	Milk stage	D	8					20090810
61	235	蜡熟期	蜡熟期	Dough stage	D	8					20090821
62	236	完熟期	完熟期	Full ripening stage	D	8					20090830
63	237	枯黄期	枯黄期	Withering stage	D	8					20090922
64	238	成熟期一致性	成熟期一致性	Uniformity of maturity	C	6			1: 一致 2: 较一致 3: 不一致	1: Uniform 2: Intermediate 3: Variable	较一致

（续表）

序号	代号	描述符	字段名	字段英文名	字段类型	字段长度	字段小数位	单位	代码	代码英文名	例子
65	239	叶层高度	叶层高度	Height of foliage at flowering stage	N	5	1	cm			50.7
66	240	生殖枝高度	生殖枝高度	Height of plant at flowering stage	N	5	1	cm			72.8
67	241	生育天数	生育天数	Growth cycle	N	3	0	d			120
68	242	熟性	熟性	Maturity	C	4			1：早熟 2：中熟 3：晚熟	1：Early 2：Intermediate 3：Late	中熟
69	243	生长天数	生长天数	Growth period	N	3	0	d			149
70	244	再生性	再生性	Regrowth ability	C	4			1：良好 2：中等 3：较差	1：High 2：Medium 3：Low	中等
71	245	结实率	结实率	Percentage of seed setting	N	4	1	%			
72	246	落粒性	落粒性	Shattering	C	10			1：不脱落 2：稍脱落 3：脱落	1：No 2：Some 3：Yes	稍脱落
73	247	茎叶比	茎叶比	Ratio of stem biomass to blade biomass	N	12	2	1次			1：1.34
74	248	鲜草产量	鲜草产量	Fresh yield	N	7	1	kg/hm^2			690.7

（续表）

序号	代号	描述符	字段名	字段英文名	字段类型	字段长度	字段小数位	单位	代码	代码英文名	例子
75	249	干草产量	干草产量	Hay yield	N	7	1	kg/hm²			300.1
76	250	干鲜比	干鲜比	Ratio of hay yield to fresh yield	N	7	1	%			30.2
77	251	种子产量	种子产量	Seed yield	N	7	1	kg/hm²			140.5
78	252	分蘖数	分蘖数	Number of stem from tillering	N	3	0	枝			9
79	253	越冬率	越冬率	Survival rate of over-winter	N	4	1	%			98.8
80	254	观测年龄	观测年龄	Planting age	N	3	0	a	a		3
81	255	生长寿命	生长寿命	Plant longevity	C	4			1：短命 2：中命 3：长命	1：Short 2：Medium 3：Long	中命
82	256	千粒重	千粒重	1000-seed weight	N	6	2	g			80.4
83	257	发芽势	发芽势	Germination energy	N	4	1	%			80.4
84	258	发芽率	发芽率	Germination rate	N	4	1	%			98.0
85	259	发芽率检测时间	检测时间	Date of seed testing	D	8	0				

（续表）

序号	代号	描述符	字段名	字段英文名	字段类型	字段长度	字段小数位	单位	代码	代码英文名	例子
86	260	种子生活力	种子生活力	Seed viability	N	4	1	%			
87	261	种子寿命	种子寿命	Seed longevity	C	4			1：短命 2：中命 3：长命	1：Short-lived 2：Medium-lived 3：Long-lived	中命
88	301	水分含量	水分	Water content	N	6	2	%			9.87
89	302	粗蛋白质含量	粗蛋白质	Crude protein content	N	6	2	%			6.75
90	303	粗脂肪含量	粗脂肪	Crude fat content	N	6	2	%			2.66
91	304	粗纤维含量	粗纤维	Crude fibre content	N	6	2	%			36.64
92	305	无氮浸出物含量	无氮浸出物	Nitrogen-free extract content	N	6	2	%			48.76
93	306	粗灰分含量	粗灰分	Crude ash content	N	6	2	%			4.84
94	307	钙含量	钙	Calcium content	N	6	2	%			0.39
95	308	磷含量	磷	Phosphorus content	N	6	2	%			0.09
96	309	天门冬氨酸含量	天门冬氨酸	Aspartic acid content	N	6	2	%			

（续表）

序号	代号	描述符	字段名	字段英文名	字段类型	字段长度	字段小数位	单位	代码	代码英文名	例子
97	310	苏氨酸含量	苏氨酸	Threonine content	N	6	2	%			
98	311	丝氨酸含量	丝氨酸	Serine content	N	6	2	%			
99	312	谷氨酸含量	谷氨酸	Glutamic acid content	N	6	2	%			
100	313	脯氨酸含量	脯氨酸	Proline content	N	6	2	%			
101	314	甘氨酸含量	甘氨酸	Glycine content	N	6	2	%			
102	315	丙氨酸含量	丙氨酸	Alanine content	N	6	2	%			
103	316	缬氨酸含量	缬氨酸	Valine content	N	6	2	%			
104	317	胱氨酸含量	胱氨酸	Cystine content	N	6	2	%			
105	318	蛋氨酸含量	蛋氨酸	Methionine content	N	6	2	%			
106	319	异亮氨酸含量	异亮氨酸	Isoleucine content	N	6	2	%			
107	320	亮氨酸含量	亮氨酸	Leucine content	N	6	2	%			
108	321	酪氨酸含量	酪氨酸	Tyrosine content	N	6	2	%			

（续表）

序号	代号	描述符	字段名	字段英文名	字段类型	字段长度	字段小数位	单位	代码	代码英文名	例子
109	322	苯丙氨酸含量	苯丙氨	Phenylalanine content	N	6	2	%			
110	323	赖氨酸含量	赖氨酸	Lysine content	N	6	2	%			
111	324	组氨酸含量	组氨酸	Histidine content	N	6	2	%			
112	325	精氨酸含量	精氨酸	Arginine content	N	6	2	%			
113	326	色氨酸含量	色氨酸	Tryptophan content	N	6	2	%			
114	327	中性洗涤纤维	中性洗涤纤维	Neutral detergent fiber content	N	6	2	%			
115	328	酸性洗涤纤维	酸性洗涤纤维	Acid detergent fiber content	N	6	2	%			
116	329	样品分析单位	分析单位	Institute of sample analyzed	C	20					中国农业科学院兰州畜牧与兽药研究所
117	330	茎叶质地	茎叶质地	Quality of stem and leaf	C	10			1：柔软 2：略粗糙	1: Soft 2: Slightly scabrous	柔软
118	331	适口性	适口性	Palatability	C	10			1：嗜食 2：喜食 3：乐食 4：采食	1: Very high 2: High 3: Medium 4: Low	喜食

（续表）

序号	代号	描述符	字段名	字段英文名	字段类型	字段长度	字段小数位	单位	代码	代码英文名	例子
119	332	利用期限	利用期限	Expected life of stand	N	4		a			5
120	333	草坪质地	草坪质地	Turf grass texture	C	4			1：优 2：良好 3：一般 4：差 5：极差	1: Excellent 2: Good 3: Fair 4: Poor 5: Very poor	良好
121	334	草坪色泽	色草坪泽	Turf color	C	4			1：优 2：良好 3：一般 4：差 5：极差	1: Excellent 2: Good 3: Fair 4: Poor 5: Very poor	一般
122	335	草坪密度	草坪密度	Turf grass density	N	4	0	枝条数/m²			
123	336	草坪盖度	草坪盖度	Turfgrass coverage	N	4	0	%			
124	337	草坪均一性	草坪均一性	Turf uniformity	C	4			1：优 2：良好 3：一般 4：差 5：极差	1: Excellent 2: Good 3: Fair 4: Poor 5: Very poor	良好
125	338	草坪回弹性	草坪回弹性	Turf resiliency	N	4	0	%			

（续表）

序号	代号	描述符	字段名	字段英文名	字段类型	字段长度	字段小数位	单位	代码	代码英文名	例子
126	401	抗旱性	抗旱性	Drought resistance	C	5			1：强 3：较强 5：中等 7：弱 9：最弱	1：Strong 3：Slight strong 5：Intermeidate 7：Weak 9：Very weak	较强
127	402	抗寒性	抗寒性	Winter hardiness	C	5			1：强 3：较强 5：中等 7：弱 9：最弱	1：Strong 3：Slight strong 5：Intermeidate 7：Weak 9：Very weak	强
128	403	耐盐性	耐盐性	Salt tolerance	C	10			1：强 3：较强 5：中等 7：弱 9：最弱	1：Strong 3：Slight strong 5：Intermeidate 7：Weak 9：Very weak	中等
129	404	耐热性	耐热性	Heat tolerance	C	5			1：强 3：较强 5：中等 7：弱 9：最弱	1：Strong 3：Slight strong 5：Intermeidate 7：Weak 9：Very weak	弱
130	501	病侵害度	病害	Disease damage	C	6			1：无 3：轻微 5：中等 7：严重 9：极严重	1：None 3：Slight 5：Moderate 7：Severe 9：Very severe	轻微

（续表）

序号	代号	描述符	字段名	字段英文名	字段类型	字段长度	字段小数位	单位	代码	代码英文名	例子
131	502	锈病抗性	锈病抗性	Resistance to rusts of grass	C	5			1：高抗病 3：抗病 5：中抗病 7：感病 9：高感	1：High resistant 3：Resistant 5：Moderately resistant 7：Susceptive 9：High susceptive	抗病
132	503	黑粉病抗性	黑粉病抗性	Resistance to smut	C	5			1：高抗病 3：抗病 5：中抗病 7：感病 9：高感	1：High resistant 3：Resistant 5：Moderately resistant 7：Susceptive 9：High susceptive	抗病
133	504	早熟禾叶枯病抗性	早熟禾叶枯病抗性	Resistance to melting-out of *Poa*	C	4			1：高抗病 3：抗病 5：中抗病 7：感病 9：高感	1：Highly resistant 3：Resistant 5：Moderately resistant 7：Susceptive 9：Highly susceptive	中抗
134	505	虫侵害度	虫害	Insect damage	C	6			1：无 3：轻微 5：中等 7：严重 9：极严重	1：None 3：Slight 5：Moderate 7：Severe 9：Very severe	轻微

（续表）

序号	代号	描述符	字段名	字段英文名	字段类型	字段长度	字段小数位	单位	代码	代码英文名	例子
135	506	麦二叉蚜虫抗性	麦二叉蚜虫抗性	Resistance to *Schizaphis graminum*	C	4			1: 高抗 3: 抗 5: 中抗 7: 低抗 9: 不抗	1: Highly resistant 3: Resistant 5: Moderately resistant 7: Low resistance 9: Not resistant	中抗
136	507	网螟抗性	网螟抗性	Resistance to *Crambus* spp.	C	4			1: 高抗 3: 抗 5: 中抗 7: 低抗 9: 不抗	1: Highly resistant 3: Resistant 5: Moderately resistant 7: Low resistance 9: Not resistant	抗
137	601	核型	核型	Karotype	C	20					
138	602	指纹图谱与分子标记	指纹图谱与分子标记	Finger printing and molecular marker	C	40					
139	603	种质保存类型	种质保存类型	Sample type of maintenance	C	6			1: 种子 2: 植株 3: 花粉 4: 培养物 5: DNA	1: Seed 2: Vegetative 3: Pollen 4: Tissue culture 5: DNA	种子
140	604	实物状况	实物状况	Quality of sample	C	2			1: 好 2: 中 3: 差	1: Good 2: Intermediate 3: Bad	好
141	605	种质用途	种质用途	Uses of germplasm	C	8			1: 饲用 2: 育种材料 3: 坪用 4: 生态	1: Forage 2: Breeding material 3: Turf 4: Ecological	饲用
142	606	备注	备注	Remarks	C	30					

五　冷地早熟禾种质资源数据质量控制规范

1　范围

本规范规定了冷地早熟禾种质资源数据采集过程中的质量控制内容和方法。本规范适用于冷地早熟禾种质资源的整理、整合和共享。

2　规范性引用文件

下列文件中的条款通过本规范的引用而成为本规范的条款。凡是注日期的引用文件，其随后所有的修改单（不包括勘误的内容）或修订版均不适用于本规范，然而，鼓励根据本规范达成协议的各方，研究是否可使用这些文件的最新版本。凡是不注日期的引用文件，其最新版本适用于本规范。

ISO 3166 Codes for the Representation of Names of Countries

GB/T 2659 世界各国和地区名称代码

GB/T 2260 中华人民共和国行政区划代码

GB/T 12404 单位隶属关系代码

GB/T 2930 牧草种子检验规程

GB/T 6142 禾本科主要栽培牧草种子质量分级

GB/T 6432 饲料中粗蛋白测定方法

GB/T 6433 饲料粗脂肪测定方法

GB/T 6434 饲料中粗纤维测定方法

GB/T 6435 饲料水分的测定方法

GB/T 6436 饲料中钙的测定方法

GB/T 6437 饲料中总磷的测定　分光光度法

GB/T 6438 饲料中粗灰分的测定方法

GB/T 18246 饲料中氨基酸的测定

GB/T 20806 饲料中中性洗涤纤维（NDF）的测定

NY/T 634 草坪质量分级

GB/T 8170 数值修约规则

ISTA 国际种子检验规程

3 数据质量控制的基本方法

3.1 形态特征和生物学特性观测试验设计

3.1.1 试验地点

试验地点的环境条件应能够满足冷地早熟禾的正常生长及其性状的正常表达。

3.1.2 田间设计

确定播期主要取决于气温、土壤墒情和冷地早熟禾生物学特性及其利用目的，以及田间杂草发生规律和危害程度等因素。在高寒地区，冷地早熟禾以夏季（5~7月）播种为宜。

试验小区为 6~10m²，随机区组排列，3 次重复。一般采取条播，行距 30~45cm；种子量少的种质可穴播或育苗移栽，株距大于 20cm。

试验地周围应设保护行或保护区。

3.1.3 栽培环境条件控制

试验地土质应具有当地代表性，肥力均匀，要远离污染，无人、畜侵扰。采用一致的水肥管理条件，及时防治病虫害和防除杂草，保证幼苗和植株的正常生长。

3.2 数据采集

冷地早熟禾形态特征和生物学特性观测试验原始数据的采集应在种质正常生长情况下获得。如遇自然灾害等因素严重影响植株正常生长，应重新进行观测试验和数据采集。

3.3 试验数据统计分析和校验

冷地早熟禾的每份种质的形态特征和生物学特性观测数据依据对照品种进行校验。根据每年 3 次重复，2 年度的观测校验值，计算每份种质性状的平均值、变异系数和标准差，并进行方差分析，判断试验结果的稳定性和可靠性。取校验值的平均值作为该种质的性状值。

4 基本信息

4.1 全国统一编号

全国统一编号由"CF"加 6 位顺序号组成的 8 位字符串，如"CF000555"。其中"CF"代表 China Forage 的第一个字母，后 6 位数字代表具体牧草种质的编号。全国统一编号具有惟一性。

4.2 种质库编号

种质库编号是由"I7B"加 5 位顺序号组成的 8 位字符串，如"I7B 00421"。其中"I"代表国家农作物种质资源长期库中的牧草种质，"7B"代表牧草，后五位为顺序号，从"00001"到"99999"，代表具体冷地早熟禾种质的编号。只有已进入国家农作物种质资源长期库保存的种质才有种质库编号。每份种质具有惟一的种质库编号。

4.3 种质圃编号

种质在国家多年生和无性繁殖圃的编号。冷地早熟禾圃编号为 8 位字符串，如"GPMC0152"，前 4 位"GPMC"为国家给牧草圃的代码，后 4 位为顺序号，代表具体冷地早熟禾种质的编号。每份种质具有惟一的圃编号。

4.4 引种号

引种号是由年份加 4 位顺序号组成的 8 位字符串，如"20090601"，前 4 位表示种质从境外引进年份，后 4 位为顺序号。每份引进种质具有惟一的引种号。

4.5 采集号

冷地早熟禾种质在野外采集时赋予的编号，一般由年份加 2 位省份代码加顺序号组成。

4.6 种质名称

中国国内野生种质的种中文名，栽培种质的品种名；国外引进种质的中文译名，如果有多个名称，可以放在英文括号内，用英文逗号分隔，如"种质名称 1（种质名称 2，种质名称 3）"；国外引进种质如果没有中文译名，可空缺。

4.7 种质外文名

国外引进种质的外文名和国内种质的汉语拼音名。每个汉字的汉语拼音之间空一格，每个汉字汉语拼音的首字母大写，如"Leng Di Zao Shu He"。国外引进种质的外文名应注意大小写和空格。

4.8 科名

科名由拉丁名加英文括号内的中文名组成，如"Gramineae（禾本科）"。

4.9 属名

属名由拉丁名加英文括号内的中文名组成，如"*Poa*（早熟禾属）"。

4.10 学名

学名由拉丁名加英文括号内的中文名组成，如"*Poa crymophil* Keng ex C. Ling（冷地早熟禾）"。

4.11 原产国

冷地早熟禾种质原产国家名称、地区名称。国家和地区名称参照 ISO 3166 和 GB/T 2659。如该国家已不存在，应在原国家名称前加"前"，如"前苏联"。

4.12　原产省

中国国内冷地早熟禾种质原产省份名称，省份名称参照 GB /T 2260；国外引进的冷地早熟禾种质资源原产省用原产国家一级行政区的名称。有的冷地早熟禾种质在国外引种历史较长久，并被许多国家从多种渠道多次引入，已无从考证最初原产国的省份，填表时可空缺。

4.13　原产地

中国国内冷地早熟禾种质原产地县（县级市、区）、乡（镇）、村名称。县（县级市）名参照 GB /T 2260。

4.14　海拔

冷地早熟禾种质原产地具体生长地点的海拔高度。单位为 m。低于海平面以负数表示。

4.15　经度

冷地早熟禾种质原产地的经度，单位为度、分和秒，格式为 DDDFFMM，其中 DDD 为度，FF 为分，MM 为秒。东经为正值，西经为负值，例如，"1212539"代表东经 121°25′39″，"−1020913"代表西经 102°9′13″。

4.16　纬度

冷地早熟禾种质原产地的纬度，单位为度和分，格式为 DDFFMM，其中 DD 为度，FF 为分，MM 为秒。北纬为正值，南纬为负值，例如，"320845"代表北纬 32°8′45″，"−254207"代表南纬 25°42′7″。

4.17　来源地

国外引进冷地早熟禾种质的来源国家、地区名称或国际组织名称，名称参照 ISO 3166 和 GB/T 2659。国内冷地早熟禾种质的来源省、县名称，名称参照GB/T 2260。

4.18　保存单位

冷地早熟禾种质提交国家种质资源长期库前的原保存单位名称。单位名称应写全称，例如"中国农业科学院兰州畜牧与兽药研究所"。

4.19　保存单位编号

冷地早熟禾种质原保存单位赋予的种质编号。保存单位编号在同一保存单位应具有惟一性。

4.20　系谱

冷地早熟禾选育品种（品系）的亲缘关系。

4.21　选育单位

选育冷地早熟禾品种（品系）的单位全称或个人姓名。如"中国农业科学院兰州畜牧与兽药研究所"。

4.22 育成年份

冷地早熟禾品种选育成功，经审定通过或鉴定的年份。如"2003"。

4.23 选育方法

冷地早熟禾品种（品系）的育种方法。例如"系选"。

4.24 种质类型

冷地早熟禾种质类型分为：

　　　　1　　野生资源

　　　　2　　地方品种

　　　　3　　选育品种

　　　　4　　品系

　　　　5　　遗传材料

　　　　6　　其他

4.25 图像

冷地早熟禾种质的图像文件名，图像格式为.jpg。图像文件名由统一编号加"-"加序号加".jpg"组成。如有多个图像文件，图像文件名用英文分号分隔，如"CF003450-1.jpg；CF003450-2.jpg"。图像对象主要包括植株、花、果实、特异性状等。图像要清晰，对象要突出。

4.26 观测地点

冷地早熟禾种质形态特征和生物学特性的观测地点，记录到省和县名，如"甘肃省玛曲县"。

5　形态特征和生物学特性

5.1 根主要特征

在开花期用文字描述冷地早熟禾根的主要特征，如根系发达程度、入土深度、颜色等。

5.2 茎秆形态

在冷地早熟禾开花期用目测法判断。以全小区为调查对象，以相同茎秆形态的植株达到70%为准（参照图1）。

　　　　1　　直立（茎秆垂直于地面生长）

　　　　2　　基部膝曲（茎秆基部膝曲或基部偏斜生长，后为直立生长）

5.3 茎秆节数

在冷地早熟禾开花期测定。在试验小区内随机抽取开花的植株10株，观测牧草的茎秆节数。自地面开始第一节数至花序以下的最末节。单位为节，精确到整数位。

5.4　叶鞘与节间比较

在冷地早熟禾开花期用目测法判断。在试验小区内随机抽取开花的植株 10 株，观测植株中部叶鞘位于节间的部位。

　　1　　短于节间（叶鞘短于节间）

　　2　　长于节间（叶鞘长于节间）

5.5　叶舌长度

花期测定。在试验小区内随机抽取开花的植株 10 株，分别测量每一植株中部叶的叶舌长度。单位为 mm，精确到 0.1mm。

5.6　叶片形态

在冷地早熟禾开花期用目测法判断。在试验小区内随机抽取开花的植株 10 株，观测茎中部的叶片形态。因冷地早熟禾的叶片形态随着环境湿度、温度和光照条件发生变化，所以观测时环境条件应一致，选择晴朗干燥的天气。以相同叶形态的植株达到 70% 为准（参照图 2）。

　　1　　对折（叶片呈 V 字型对折）

　　2　　稍内卷（叶片边缘向上轻微卷起，但未成针状或细筒状）

　　3　　内卷（叶片明显内卷或旋卷成针状或细筒状）

5.7　叶片长度

在冷地早熟禾开花期测定。在试验小区内随机抽取开花的植株 10 株，分别测量每一株中部叶片从叶颈至叶尖的绝对长度。单位为 cm，精确到 0.1cm。

5.8　叶片宽度

在冷地早熟禾开花期测定。在试验小区内随机抽取开花的植株 10 株，分别测每一株中部叶片最宽处的绝对长度。内卷或反卷的叶片要展开测量。单位为 mm，精确到整数位。

5.9　叶片颜色

在冷地早熟禾开花期用标准色卡目测判断。以全小区为调查对象，在正常一致的光照条件下观测植株中部叶片正面的颜色。以相同叶色的植株达到 70% 为准。

　　1　　黄绿色

　　2　　灰绿色

　　3　　浅绿色

　　4　　绿色

　　5　　深绿色

5.10　花序长度

在冷地早熟禾开花期测定。在试验小区内随机取开花的植株 10 株，从花序主轴最基部测至花序顶端的自然长度。单位为 cm，精确到 0.1cm。

5.11 花序宽度

开花期测定。在试验小区内随机取开花的植株 10 株，测每一株花序的最宽处的自然长度。单位为 mm，精确到整数位。

5.12 分枝数

开花期测定。在试验小区内随机取开花的植株 10 株，测每一株花序主轴倒数第二节处的分枝数。单位为个/节，精确到整数位。

5.13 分枝形态

开花期测定。在试验小区内随机取开花的植株 10 株，观测每一株花序主轴倒数第二节处的分枝形态（参照图 3）。

      1   上举（分枝向上生长，与主穗轴的内角小于 80°）

      2   平展（分枝展开，基本水平生长，与主穗轴的角度 85°~95°）

5.14 小穗数

在冷地早熟禾开花期观测。在试验小区内随机抽取开花的植株 10 株观测花序中部分枝上每小枝着生的小穗数。单位为枚/小枝。记录最小值到最大值，如某一种质的小穗数最少为 2 枚，最多为 5 枚，记录为 2~5 枚/小枝。

5.15 小穗颜色

开花期测定。在试验小区内随机抽取开花的植株 10 株，观测花序主轴中部分枝上小穗的颜色。

      1   绿色

      2   略带紫色

5.16 小花数

在冷地早熟禾开花期测定。在试验小区内随机抽取开花的植株 10 株，观测花序主轴中部或中部分枝的每枚小穗的可孕小花数。单位为枚/小穗。记录最小值到最大值，如 4~7 枚。

5.17 颖形状

在冷地早熟禾开花期采用目测法测定。在试验小区内随机抽取开花的植株 10 株，观察主穗轴中部分枝的小穗第一颖片先端的形状（参照图 4）。

      1   披针形（长为宽的 4~5 倍，中部以下较宽，向上渐尖）

      2   卵状披针形（长为宽的 2~4 倍，中部以下最宽，向上渐狭）

5.18 第一颖长度

在冷地早熟禾开花期测定。在试验小区内随机抽取开花植株 10 株，测量主穗轴中部分枝的小穗第一颖的长度。单位为 mm，精确到 0.1mm。

5.19 第二颖长度

在冷地早熟禾开花期测定。在试验小区内随机抽取开花植株 10 株，测量主穗轴中部分枝的小穗第二颖的长度。单位为 mm，精确到 0.1mm。

5.20 外稃长度

在冷地早熟禾开花期测定。在试验小区内随机抽取开花的植株 10 株，测量主穗轴中部分枝的小穗第一外稃的长度（包括基盘）。单位为 mm，精确到 0.1mm（参照图 5）。

5.21 外稃被毛

在冷地早熟禾开花期采用目测法测定。在试验小区内随机抽取开花的植株 10 株，观察主穗轴中部分枝的小穗第一外稃的背部、边缘、先端或基部是否被毛。

　　0　　无（外稃颖通体无毛）
　　1　　有（外稃通体或某一部位被毛）

5.22 基盘被毛

开花期采用目测法测定。在试验小区内随机抽取开花的植株 10 株，观察主穗轴中部分枝的小穗第一外稃基盘是否被毛。

　　0　　无（基盘无毛）
　　1　　少量（基盘有少量的被毛）

5.23 内稃长度

花期测定。在试验小区内随机抽取开花的植株 10 株，测量主穗轴中部分枝的小穗第一内稃的长度。单位为 mm，精确到 0.1mm。

5.24 花药长度

花药散粉之前，在冷地早熟禾试验小区内随机抽取开花的植株 5 株，分别在每一植株的花序上随机测 5 枚小花的花药长度。注意避免在同一小穗上取样。单位为 mm，精确到 0.1mm。

5.25 颖果长度

在冷地早熟禾完熟期在试验小区内随机抽取结实的植株 10 株，测量颖果最长处的长度。单位为 mm，精确到 0.1mm（参照图 6）。

5.26 播种期

冷地早熟禾种子播种的日期。以年月日表示，格式为 YYYYMMDD。如"20090610"表示 2009 年 6 月 10 日播种。

5.27 出苗期

以全小区为调查对象，记录小区内 50% 的幼苗露出地面的日期。以年月日表示，格式为 YYYYMMDD。

5.28 返青期

以全小区为调查对象，记录小区内 50% 的植株返青的日期。以年月日表示，格式为 YYYYMMDD。

5.29 分蘖期

　　以全小区为调查对象，记录小区内 50% 的幼苗从其基部分蘖节产生侧芽，并形成新枝的日期。以年月日表示，格式为 YYYYMMDD。

5.30 拔节期

　　以全小区为调查对象，记录小区内 50% 的植株第一个节露出地面 1～2cm 的日期。以年月日表示，格式为 MMDD。

5.31 孕穗期

　　以全小区为调查对象，记录小区内 50% 的植株达到孕穗的日期。以年月日表示，格式为 YYYYMMDD。

5.32 抽穗期

　　以全小区为调查对象，记录小区内 50% 的植株达到抽穗的日期。以年月日表示，格式为 YYYYMMDD。

5.33 开花期

　　以全小区为调查对象，记录小区内 50% 的植株开花的日期。以年月日表示，格式为 YYYYMMDD。

5.34 乳熟期

　　以全小区为调查对象，记录小区内 50% 的植株达到乳熟的日期。以年月日表示，格式为 YYYYMMDD。

5.35 蜡熟期

　　以全小区为调查对象，记录小区内 50% 的植株达到蜡熟的日期。以年月日表示，格式为 YYYYMMDD。

5.36 完熟期

　　以全小区为调查对象，记录小区内 80% 的植株达到完熟的日期。以年月日表示，格式为 YYYYMMDD。

5.37 枯黄期

　　以全小区为调查对象，记录小区内 50% 的植株达到枯黄的日期。以年月日表示，格式为 YYYYMMDD。

5.38 成熟期一致性

　　以试验小区全部冷地早熟禾植株为观测对象，从 20% 的植株完熟期算起，至 80% 的植株完熟期止。持续的时间越短，一致性就越好。为了便于观测，对达到完熟期的植株应及时收种。

　　　　1　　一致（持续天数 <7d）

　　　　2　　较一致（持续天数 7～14d）

　　　　3　　不一致（持续天数 ≥15d）

5.39 叶层高度

在冷地早熟禾开花期测定。在试验小区内随机抽取开花的植株 10 株，上繁植物测量自地面到植株最上部叶片自然状态下的最高部位；下繁植物测量叶层自然状态下的最高部位。单位为 cm，精确到 0.1cm。

5.40 生殖枝高度

在冷地早熟禾开花期测定。在试验小区内随机抽取开花的植株 10 株，分别测量自地面到植株花序自然状态下的最高部位。单位为 cm，精确到 0.1cm。

5.41 生育天数

记录冷地早熟禾由返青期到种子完熟期的总天数。单位为 d。

5.42 熟性

在物候期观测的基础上，根据种质从出苗或返青到种子成熟的天数确定。

    1   早熟（生育天数 <90d）

    2   中熟（生育天数 90 ~ 120d）

    3   晚熟（生育天数 >120d）

5.43 生长天数

记录冷地早熟禾从返青期到枯黄期的总天数。单位为 d。

5.44 再生性

测定方法：在生活第二年、第三年植株初花期，从每一试验小区内随机抽样10 株进行定株，然后刈割，记录刈割后的留茬高度（cm），第一次刈割后间隔适当时间（因地区而异）进行第二次刈割。第二次刈割前先测定单株株高（cm），刈割后测定单株的刈割草风干重量（g）。计算单株第一次刈割至第二次刈割之间的再生速度（cm/d）和再生草产量（g/d）。各种质材料的再生速度和再生草产量取单株的平均值，精确到 0.01cm（g）/d。

    1   良好（再生速度快，再生草产量高）

    2   中等（再生速度和再生草产量中等）

    3   较差（再生速度慢，再生草产量低）

5.45 结实率

在冷地早熟禾蜡熟期测定。在试验小区内随机抽取结实植株 5 株，分别测定每一花序的小花总数（包括不孕小花）和结实的小花数。用以下公式计算单株（丛）冷地早熟禾的结实率，取平均数。以%表示，精确到 0.1%。

$$FR(\%) = \frac{N_1}{N} \times 100$$

式中：FR ——结实率，%；

    N——每一花序的小花总数；

    N_1——每一花序结实的小花数。

5.46 落粒性

在冷地早熟禾完熟期用目测法判定。在试验小区内随机抽取结实植株 10 株，观察颖果从植株上散落的程度。

  1 不脱落（有外力或阳光暴晒时不落粒）

  2 稍脱落（有外力或阳光暴晒时部分颖果脱落）

  3 脱落（有外力或阳光暴晒时大多数颖果脱落）

5.47 茎叶比

在冷地早熟禾开花期测定。在试验小区内随机抽取开花的植株 10 株（丛），分别齐地面剪下，将茎（含叶鞘）、叶（含花序）分开，待风干后分别称重，单位为 g，精确到 0.01g。称重后用以下公式计算单株（丛）冷地早熟禾的茎叶比，取平均数。表示方法为 1：X，精确到 0.01。

$$X = \frac{W_l}{W_s}$$

式中：W_s——茎重，g；

   W_l——叶重，g。

5.48 鲜草产量

花期测定，一个生长周期中单位面积冷地早熟禾鲜草的累计产量。根据试验小区所在的气候带自行确定不同的刈割次数。测产时在行播试验小区内随机设 4 个样方，样方面积为 0.25m²（0.5m×0.5m）。设样方时注意避开小区边缘地段。留茬高度为 2~4cm。鲜草产量必须在田间测定，为防止水分散失，应及时称重。最初单位为 g/0.25m²，精确到整数位。4 个样方的测定数相加后为 g/m²，换算为 kg/hm²，精确到 0.1kg。

5.49 干草产量

干草产量根据鲜草自然风干后称重得出。单位为 kg/hm²，精确到 0.1kg。

5.50 干鲜比

花期测定。由干重占鲜重的百分比计算得出。以 % 表示，精确到 0.01%。

$$X（\%）= \frac{W_h}{W_f} \times 100$$

式中：X——干重占鲜重的百分比，%；

   W_f——冷地早熟禾鲜重，g；

   W_h——冷地早熟禾风干后的重量，g。

5.51 种子产量

完熟期测定。测产时在行播试验小区随机设样方，样方面积为 0.25m²（0.5m×0.5m），4 次重复。设样方时注意避开小区边缘和测过鲜草产量的地段。最初测定时的单位为 g/m²，精确到整数位，换算为 kg/hm²，精确到 0.1kg。

5.52　分蘖数

枯黄期在小区内随机抽取 10 丛，分别调查每一丛的分蘖数。单位为枝株（丛），精确到整数位。

5.53　越冬率

枯黄期之前测定。采用随机取样法进行调查。以%表示，精确到 0.1%。

穴播小区的调查方法：避开边缘地段，在小区内随机选取 10 株（丛）冷地早熟禾，定株。翌年牧草返青后，调查所定株丛的返青株（丛）数。

条播小区的调查方法：避开边缘地段，在小区株行内随机选取 4 个样段，每个样段长为 1m，调查每一样段内的株（丛）数。如果是丛生植物，记录时只记母株数，不记分蘖枝数。翌年植物返青后调查原样段内返青的株（丛）数。

$$WR（\%）=\frac{N_1}{N}\times100$$

式中：WR——越冬率，%；

N——越冬前的株（丛）数；

N_1——返青的株（丛）数。

5.54　观测年龄

观测当年冷地早熟禾在小区建植的年龄。单位为 a。

5.55　生长寿命

从播种当年算起，至田间株丛建植（存活）率降低到 30%的年份止。

　　1　　短寿（建植期 <4a）

　　2　　中寿（建植期 4~6a）

　　3　　长寿（建植期 >6a）

5.56　千粒重

参照 GB/T 2930《牧草种子检验规程重量测定》，从净种子中随机取 100 粒，8 个重复，用 1/1 000 电子天平分别称重，单位为 g，精确到 0.01g。根据 8 个或 8 个以上 100 粒种子的平均重量，换算成 1 000 粒种子的重量。

5.57　发芽势

参照 GB/T 2930《牧草种子检验规程 发芽试验》中的表 1。在规定的初次统计天数（7d）内记数正常发芽的种子数占供试种子的百分比。以%表示，精确到 0.1%。

冷地早熟禾枯黄期之前测定。采用随机取样法进行调查。以%表示，精确到 0.1%。未列入检验规程中，其发芽方法可参照已列入的同属种。

5.58　发芽率

参照 GB/T 2930《牧草种子检验规程 发芽试验》测定种子发芽率。以%表示，精确到 0.1%。

5.59　发芽率检测时间

种子发芽率的检测时间。以年月日表示，格式为 YYYYMMDD。

5.60　种子生活力

参照 GB/T 2930《牧草种子检验规程 生活力的生物化学（四唑）测定》。以%表示，精确到 0.1%。

5.61　种子寿命

在常温室内条件下冷地早熟禾种子生活力保持的期限。单位为 a。

　　　　1　　短命（种子寿命 <3a）

　　　　2　　中命（种子寿命为 3 ~ 15a）

　　　　3　　长命（种子寿命 >15a）

6　品质特性

评价冷地早熟禾品质特性时，一般依据冷地早熟禾的营养成分、茎叶质地和适口性。营养成分包括常规分析中的粗蛋白质、粗脂肪、粗纤维素、无氮浸出物、粗灰分、钙和磷，各种氨基酸，以及中性洗涤纤维和酸性洗涤纤维等。为保证营养成分数据的可靠性，样品分析应采用一致的测定方法，最好由大专院校和科研院所的饲料分析或化学分析单位测定。也可按照国家标准自行测定。

6.1　水分含量

开花期采样。按照 GB/T 6435 饲料水分的测定方法。以%表示，精确到 0.01%。

6.2　粗蛋白质含量

开花期采样。按照 GB/T 6432 饲料中粗蛋白测定方法中的凯氏定氮法。以%表示，精确到 0.01%。

6.3　粗脂肪含量

花期采样。按照 BG/T 6433 饲料粗脂肪测定方法中的索氏浸提法。以%表示，精确到 0.01%。

6.4　粗纤维含量

开花期采样。按照 GB/T 6434 饲料中粗纤维测定方法中的酸、碱分次水解法。以%表示，精确到 0.01%。

6.5　无氮浸出物含量

样品中无氮浸出物含量的计算方法为：从 100% 中减去水分、粗蛋白质、粗脂肪、粗纤维、粗灰分的百分含量之和。以%表示，精确到 0.01%。

6.6　粗灰分含量

开花期采样。按照 GB/T 6438 饲料中粗灰分的测定方法。以%表示，精确到 0.01% 。

6.7　钙含量

开花期采样。按照 GB/T 6436 饲料中钙的测定中高锰酸钾法或乙二胺四乙酸二钠络合滴定法。以% 表示，精确到 0.01% 。

6.8　磷含量

开花期采样。按照 GB/T 6437 饲料中总磷的测定分光光度法。以% 表示，精确到 0.01% 。

6.9 ~ 6.26　氨基酸含量

开花期采样。按照 GB/T 18246 饲料中氨基酸的测定方法。以% 表示，精确到 0.01% 。用氨基酸自动分析仪可以测出 18 种氨基酸的含量，即天门冬氨酸、苏氨酸、丝氨酸、谷氨酸、脯氨酸、甘氨酸、丙氨酸、缬氨酸、胱氨酸、蛋氨酸、异亮氨酸、亮氨酸、酪氨酸、苯丙氨酸、赖氨酸、组氨酸、精氨酸和色氨酸。其中前 17 种氨基酸可以同时测出，色氨酸需要单独测定。

6.27　中性洗涤纤维含量

开花期采样。按照 GB/T 20806 饲料中中性洗涤纤维（NDF）的测定方法。以% 表示，精确到 0.01% 。

6.28　酸性洗涤纤维含量

开花期采样。以% 表示，精确到 0.01% 。测定方法如下。

仪器和试剂：恒温干燥箱、马福炉、干燥器、砂芯玻璃坩埚（20ml）、古氏坩埚（30 ~ 50ml）、抽滤装置、回流装置（250ml 圆底烧瓶、30cm 冷凝管），丙酮、十氢萘。

酸性洗涤剂：将 10g 十六烷基三甲基溴化铵溶于标定过的 1 000ml 0.500mol/L 硫酸溶液。

酸性石棉：将 20g 石棉放入盛有 170ml 蒸馏水的烧杯中，加 280ml 浓硫酸，混匀，放置 2h，冷却后用砂芯玻璃坩埚过滤，用水洗涤至中性，取出置于烘箱中干燥，在 550 ~ 600℃ 马福炉中灼烧 16h，冷却备用。

操作步骤：

准确称取样品 1g，加 100ml 酸性洗涤剂和 2ml 十氢化萘，装上冷凝管，置于电炉上，在 5 ~ 10min 内加热至沸，从沸腾算起回流 60min。

将酸洗石棉放于 100ml 烧杯中，加约 30ml 田蒸馏水，搅拌均匀，倒入古氏坩埚中，待水流尽，放入 105℃烘箱中烘 3h，取出置于干燥器中冷却 30min，称重直至恒重。将回流完毕的溶液连同残渣倒入已称至恒重的古氏坩埚中，抽滤，用热蒸馏水洗至近中性，再用丙酮洗涤至滤液无色。

将古氏坩埚取下，置于 100 ~ 105℃烘箱中烘 3h，然后取出放入干燥器中冷却 30min，称重，直至恒重。

如果分析无灰酸性洗涤纤维，则须将古氏坩埚放入550～600℃马福炉中灼烧2h，稍冷后放入干燥器中冷却30min，称重，直至恒重。

结果计算：

$$ADF(\%) = \frac{w_2 - w_1}{w} \times 100$$

无灰酸性洗涤纤维 $ADF(\%) = \dfrac{w_2 - w_3}{w} \times 100$

式中：ADF——酸性洗涤纤维含量，%；

　　　　w_1——空坩埚重，g；

　　　　w_2——空坩埚重（g）+酸性洗涤纤维重，g；

　　　　w_3——空坩埚重（g）+灰分重，g；

　　　　w——样品重，g。

6.29　样品分析单位

样品分析单位的全称。

6.30　茎叶质地

在青鲜时用感观测试茎、叶的柔软性。分2级。

　　　1　柔软（手抓青草时柔软而无扎手感觉）

　　　2　略粗糙（用手抓或触及时略有扎手或刺痛感，用手折断其茎秆和枝叶时难度较大）

6.31　适口性

冷地早熟禾适口性的优劣是由多种因素所决定的，如化学成分、发育时期、形态特点、家畜种类、牧草种类及植株部位等。采用直接观察与访问调查方法。

根据采食状况，将冷地早熟禾分以下4个等级。

　　　1　嗜食（家畜特别喜食，在任何情况下都挑选采食，表现很贪食）

　　　2　喜食（家畜喜食，一般情况下家畜都吃，但不专门从草群中挑选着吃）

　　　3　乐食（家畜经常采食，但不贪食喜爱）

　　　4　采食（家畜不太喜食，只有在上述植物被吃掉后，才肯采食）

6.32　利用期限

地上生物量年际动态一般为单峰曲线。利用期限从冷地早熟禾种质产生最高生物量的40%的年份起，至降低到最高生物量的40%的年份止。单位为a。

6.33　草坪质地

参照NY/T 634草坪质量分级。采用田间直接测量方法，测定叶片最宽处的宽度，样本数30个，求平均值。分5级。

　　　1　优（叶宽<1mm）

　　2　　良好（叶宽 1～3mm）

　　3　　一般（叶宽 3～5mm）

　　4　　差（叶宽 5～6mm）

　　5　　极差（叶宽 >6mm）

6.34　草坪色泽

参照 NY/T 634 草坪质量分级。采用田间目测法判断。

　　1　　优（深绿至墨绿）

　　2　　良好（黄绿色至较深绿色）

　　3　　一般（较多绿色，少量枯叶，绿色较浅）

　　4　　差（较多枯叶，少量绿色）

　　5　　极差（枯黄草坪或裸地）

6.35　草坪密度

参照 NY/T 634 草坪质量分级。在试验小区内随机设样方，样方面积为 $100cm^2$（10cm×10cm），4 次重复，统计样方内草坪草平均枝条数，换算为枝条数/m^2。设样方时注意避开小区边缘。单位为枝条数/m^2，精确到整数位。

6.36　草坪盖度

参照 NY/T 634 草坪质量分级。在试验小区内随机设样方，样方面积为 $1m^2$（1m×1m），4 次重复，观测草坪植株的垂直投影面积占样方面积的百分比。设样方时注意避开小区边缘。单位为%，精确到整数位。

6.37　草坪均一性

参照 NY/T 634 草坪质量分级。采用田间目测估计法对草坪密度、颜色、质地、整齐性等差异程度进行估计。

　　1　　优（草坪密度、颜色、质地等完全均匀一致）

　　2　　良好（草坪密度、颜色、质地等具有较高的一致性）

　　3　　一般（草坪密度、颜色、质地等较为均匀）

　　4　　差（草坪密度、颜色、质地等不均匀）

　　5　　极差（草坪密度、颜色、质地等差异很大）

6.38　草坪回弹性

参照 NY/T 634 草坪质量分级。在田间将标准赛球从 3m 高处自由落下，目测或用摄像机记录第一次回弹高度，以回弹高度与下落高度比值的百分数表示，重复 6 次，取其平均值。单位为%，精确到整数位。

7 抗逆性

7.1 抗旱性

冷地早熟禾抗旱性鉴定的方法和指标很多，但在大量的实际鉴定中，田间目测法、苗期人工干旱胁迫下的幼苗成活率及其膜相对电导率是通常采用的方法和指标，其特点是操作方便，结果更接近实际。本标准推荐采用上述 3 种方法和指标进行冷地早熟禾抗旱性的鉴定和评价。上述 3 种方法适用于相同水分生态类型种间或种内种质材料的鉴定评价。

7.1.1 田间目测法

田间条件下，在自然干旱季节或人工干旱条件下观察种质材料的抗旱性表现。试验小区面积至少 10 ~ 20m²，采用目测法调查植株萎蔫和受害情况，调查时间为 14：00 ~ 16：00，每个观察材料设 3 次重复。根据植株抗旱性的强弱，一般可分为 5 级。分级标准如下：

  1 强（干旱期间无旱害征象，植株茎叶出现萎蔫的少于 5%，为 5 分）

  3 较强（5% ~ 20% 的植株茎叶呈现萎蔫状态，但仍能生长，为 4 分）

  5 中等（21% ~ 50% 的植株茎叶呈现萎蔫状态，但并未停止生长者，为3 分）

  7 弱（51% ~ 80% 以上植株呈现萎蔫状态，停止生长，并有少数植株死亡者，为2 分）

  9 最弱（全部植株呈现萎蔫状态，小区内 30% 以上植株死亡，为 1 分）。

7.1.2 反复干旱胁迫法

采用苗期进行抗旱性鉴定。具体步骤如下：

用消毒的草炭和蛭石 3：1 混合作为基质，育苗盘大小约为 45cm × 30cm × 15cm，每份种质设 3 次重复，每个重复 20 ~ 30 株苗，株距 2.5cm，行距 6cm。在幼苗生长到 3 ~ 4 叶期或分蘖期之前正常管理，保持土壤湿润。于 3 ~ 4 叶期后停止供水，当供试植株 75% 表现萎蔫症状、且个别植株呈现死亡征象，恢复浇水和正常管理。以此类推重复 2 次之后，调查所有供试种质的恢复生长情况，比较不同种质材料在两次干旱处理后的成活率，以此评价不同种质材料的抗旱性。根据植株的存活率，将抗旱性分为 5 级。

  1 强（干旱后最终存活率在 80% 以上者，为 5 分）

  3 较强（干旱后最终存活率在 61% ~ 80% 者，为 4 分）

5　中等（干旱后最终存活率在41%～60%者，为3分）

7　弱（干旱后最终存活率在21%～40%者，为2分）

9　最弱（干旱后最终存活率在20%以下者，为1分）

7.1.3　电导法

采用苗期人工干旱胁迫下的膜相对电导率进行评价。

采用盆栽法育苗，每份种质设3次重复（即3盆），每个重复20～30株苗，株距2.5cm，行距6cm。于3～4叶期后停止供水，干旱胁迫到鉴定材料幼苗50%出现严重萎蔫、部分叶子出现叶烧伤、叶边缘变黄或个别叶出现枯死时，进行不同种质材料细胞膜相对透性的测定。即每份种质取同部位的叶样1g，无离子水冲洗两次后，滤纸吸干水分，用剪刀剪成1cm小段放入试管中，加8ml无离子水。真空渗入15min，静止半小时后用电导仪测定初电导率（E_1）。然后，把试管放入沸水中煮10min（加塞），冷却到室温后，测定煮沸电导率（E_2）。细胞膜透性变化用相对电导率表示：

$$RCR（\%）=\frac{E_1}{E_2}\times100$$

式中：RCR——相对电导率（电解质的相对外渗率），%；

E_1——初电导率；

E_2——煮沸电导率。

电导率测定时，每份种质材料每盆做2次重复，3盆共计10次重复。根据相对电导率的大小，将种质的抗旱性分为5级。

1　强（伤害率最低，为5分）

3　较强（伤害率较低，为4分）

5　中等（伤害率居中，为3分）

7　弱（伤害率较高，为2分）

9　最弱（伤害率最高，为1分）

综合评价：利用上述3种方法和指标对冷地早熟禾的抗旱性进行鉴定，依据鉴定得分综合排序出：强、较强、中等、弱、最弱。

7.2　抗寒性

冷地早熟禾抗寒性鉴定的方法和指标很多，但在大量的实际鉴定中，田间目测法、盆栽幼苗冷冻法、电导法是通常采用的方法和指标，其特点是操作方便，结果更接近实际。本标准推荐采用上述3种方法和指标进行冷地早熟禾抗寒性的鉴定和评价。上述3种方法适用于相同水分生态类型种间或种内种质材料的鉴定评价。

7.2.1　田间目测法

在初冬及早春季节调查植株冻害及越冬率。试验小区面积至少10～20m²，采用目测法调查植株的越冬率。每个观察材料设 3 次重复（3 个小区），各小区采用 5 点取样法，每点随机取 20 ~ 30 株，计算越冬率。根据植株越冬率，将抗寒性分为 5 级，分级标准如下：

      1   强（越冬率大于 90% 者，为 5 分）

      3   较强（越冬率在 75% ~ 90% 者，为 4 分）

      5   中等（越冬率在 50% ~ 74% 者，为 3 分）

      7   弱（越冬率在 30% ~ 49% 者，为 2 分）

      9   最弱（越冬率小于 30% 者，为 1 分）

7.2.2　盆栽幼苗冷冻法

属耐寒性的苗期鉴定法。将种子播在装有草炭和蛭石（3 : 1）的育苗盘内，育苗盘大小为 45cm × 30cm × 15cm，每份种质材料设 3 次重复，每个重复 20 ~ 30 株苗，株距 2.5cm，行距 6cm。置于人工气候室内育苗。出苗前温度 25℃，出苗后温度为白天 25 ~ 28℃，晚间 15 ~ 20℃，每天光照 16h，正常浇水。幼苗生长到 3 ~ 4 叶期或分蘖期时，置于低温条件下胁迫 7 ~ 10d。观察幼苗的冷害症状，比较不同材料在冷害处理后的植株的存活率，以此评价不同材料的抗寒性。根据植株的存活率，将抗寒性分为 5 级。

      1   强（存活率在 80% 以上者，为 5 分）

      3   较强（存活率在 61% ~ 80% 者，为 4 分）

      5   中等（存活率在 41% ~ 60% 者，为 3 分）

      7   弱（存活率在 20% ~ 40% 者，为 2 分）

      9   最弱（存活率在 20% 以下者，为 1 分）

7.2.3　电导法（离体叶低温处理）

参考全国畜牧兽医总站"牧站（草）[2003] 2 号文件"中的《牧草抗寒性鉴定方法》。

植物组织逐步受到零下低温胁迫后，细胞质膜受害逐步加重，透性发生变化，细胞内含物外渗，使浸提液电导率增高。活组织受害越重，离子外渗量越大，电导率也越高，表明植物抗寒性越弱，反之，则越强。

①幼苗培养——采用沙基培养。试验种子用 5% 的 NaCl 消毒，播种在塑料培养箱（35cm × 25cm × 15cm，下有排水孔）中，播种深度 2cm，喷适度的自来水，移入培养箱中，出苗后改用 Hong-land 营养液培养。生长箱内昼夜温度为（22/18 ± 1）℃，相对湿度为（70 ± 110）%，光强为 8 000 ~ 8 500lx，光期 12h。

此外，也可采用塑料棚内塑料箱育苗或在田间育苗。

②低温处理——待幼苗长出 6 ~ 7 片叶后，每一种质材料取整株幼苗 1 ~ 2g，自来水冲洗 3 次，用滤纸吸干水分，放入冰箱，在 5℃ 下放置 2h。对每种鉴定材料在生长箱进行不同温度（−5℃、−10℃、−15℃、−20℃、−25℃、−32℃）

和不同时间（1h、2h、3h）处理，至少6次重复。采用控温仪监控温度，温度波动范围±1℃。低温处理后的幼苗在5℃下放置1h后，进行细胞膜相对透性的测定。

低温处理的材料，也可以采取90d苗龄，同龄、同位、同色的叶片做试验处理。

③相对电导率及拐点温度指标测定——将低温处理的幼苗用无离子水冲洗3次，放入试管中，每管装上5ml无离子水，用玻璃棒压住，真空抽气15min，振荡10min，1h后测定初电导率（E_1）。然后，把试管放入沸水中煮10min（加塞），冷却到室温后，测定煮沸电导率（E_2）。细胞膜透性变化用相对电导率表示：

$$K（\%）= \frac{E_1}{E_2} \times 100$$

式中：K——相对电导率（电解质的相对外渗率），%；

E_1——初电导率；

E_2——煮沸电导率。

根据相对电导率的大小，将冷地早熟禾的抗旱性分为5级。

1 强（相对电导率最低，为5分）

2 较强（相对电导率较低，为4分）

3 中等（相对电导率居中，为3分）

4 弱（相对电导率较高，为2分）

5 最弱（相对电导率最高，为1分）

综合评价：利用上述3种方法和指标对冷地早熟禾的抗寒性进行鉴定，依据鉴定得分综合排序出：强、较强、中等、弱、最弱。

7.3 耐盐性

冷地早熟禾耐盐性可采用芽期鉴定法、盆栽法和生理测定法等。推荐方法如下。

7.3.1 种子发芽期耐盐鉴定方法

①用化学纯 NaCl 配成0%、0.2%、0.4%、0.6%、0.8%、1.0%、1.2%、1.6%、2.0% 9种不同处理的盐溶液。

②在口径为120mm的培养器内，放入5g用自来水反复冲洗后干燥的锯末，亦可用适量脱脂棉代替，上盖一层滤纸，然后在每个培养器中加入40ml盐溶液，再放入100粒经消毒处理的种子，置于温箱中，在变温条件下18℃、16h和28℃、8h进行培养，逐日观察记载发芽种子数并补充所蒸发的水分，使各处理盐浓度维持不变。发芽10d后，计算发芽率和相对发芽率。相对发芽率是以不含盐的对照发芽率作为100%时，不同含盐的发芽率与对照发芽率之比。

$$GR（\%）=\frac{GR_1}{GR_{ck}}\times100$$

式中：GR——相对发芽率，%；

GR_1——某一含盐量处理发芽率，%；

GR_{ck}——对照发芽率，%。

③每份鉴定材料应 4 个重复，每个重复 100 粒种子，共 400 粒种子。

依据不同种质材料的发芽率及相对发芽率评定其种子发芽期的耐盐性。并将种质耐盐性分为 5 级。

1　　强（可耐 1.5% 以上 NaCl 含量的浓度，为 5 分）

3　　较强（可耐 1%～1.5% NaCl 含量的浓度，为 4 分）

5　　中等（可耐 0.6%～1% NaCl 含量的浓度，为 3 分）

7　　弱（可耐 0.3%～0.6% NaCl 含量的浓度，为 2 分）

9　　最弱（对 NaCl 盐溶液的耐性在 0.3% 浓度以下，为 1 分）

7.3.2　苗期盆栽耐盐性鉴定方法

①盆土准备：取大田土壤过筛，用无孔塑料花盆（高 12.5cm，底径 12cm，口径 15.5cm）每盆装大田土 1.5kg，装土时，取样测定含水率以确定实际装入干土重。

②播种定苗：试验要防止雨淋影响。根据种子发芽率每盆播种 20～30 粒种子，出苗后间苗，2 叶期之前定苗，每盆留生长整齐一致、分布均匀的 10 棵苗。

③加盐处理：按每盆土样干重的 0%、0.2%、0.4%、0.6%、0.8%、1.0%、1.2%、1.6%、2.0% 9 种不同处理的 NaCl 溶液进行处理，将盐溶解在一定量的自来水中，使盐处理后的土壤含水率为最大持水量的 70%，加等量的自来水作对照，重复 3 次，即每个处理 3 盆。

④管理和观测记载：盐处理后注意观察，及时补充所蒸发的水分，使土壤含水量保持不变，记录幼苗生长变化，盐害表现，盐处理 30d 时结束试验，观测记载各处理的存活苗数，株高及植株干重。

⑤结果分析：根据各个种质材料不同处理存活苗数，平均相对株高及平均相对植株干重，比较不同材料的耐盐性，相对株高（干重）的计算公式如下：

$$H（W）=\frac{H_{ck}（W_{ck}）-H_1（W_1）}{H_{ck}（W_{ck}）}\times100$$

试中：H——平均相对株高，%；

H_{ck}——对照平均株高；

H_1——处理平均株高；

W——平均相对干重，%；

W_{ck}——对照平均干重；

W_1——处理平均干重。

根据试验数据资料，可将种质材料的耐盐性分为 5 级。

1　强（可耐 1.5% 以上 NaCl 含量的浓度，为 5 分）

2　较强（可耐 1% ~ 1.5% NaCl 含量的浓度，为 4 分）

3　中等（可耐 0.6% ~ 1% NaCl 含量的浓度，为 3 分）

4　弱（可耐 0.3% ~ 0.6% NaCl 含量的浓度，为 2 分）

5　最弱（对 NaCl 盐的耐性在 0.3% 浓度以下，为 1 分）

7.3.3　电导法

按"苗期盆栽法"进行盆土准备、播种定苗和加盐处理，在处理后 30d 之内，定期称取测试种质材料的叶（或根）0.3 ~ 0.5g，用去离子水洗净，然后加入 10ml 去离子水，真空抽气 10min 后在室温下间隔振荡 30min。

用电导仪测量外渗液的电导率值，将上述材料于沸水浴中加热 10min，冷却至室温后再次测定外渗液的电导率值，重复 3 次。并以此计算伤害率。

相对电导率计算公式如下：

$$L = \frac{E_1}{E_2}$$

式中：L——相对电导率；

　　　　E_1——处理初电导率；

　　　　E_2——处理煮沸电导率。

伤害率计算公式如下：

$$RH(\%) = \frac{L_t - L_{ck}}{1 - L_{ck}} \times 100$$

式中：RH——伤害率，%；

　　　　L_t——处理相对电导率；

　　　　L_{ck}——对照相对电导率。

以伤害率 ≤50% 时所对应的盐浓度大小，将种质种子发芽期的耐盐性分为 5 级。

1　强（半致死浓度 ≥2.0%）

3　较强（1.6% ≤ 半致死浓度 <2.0%）

5　中等（0.8% ≤ 半致死浓度 <1.6%）

7　弱（0.4% ≤ 半致死浓度 <0.8%）

9　最弱（半致死浓度 <0.4%）

7.4　耐热性

冷地早熟禾耐热性常用目测法和盆栽法。

7.4.1　目测法

在自然条件下最炎热的季节之后调查植株越夏存活率。试验小区面积至少 20m² （矮秆密行条播禾草）或 40m² （高秆宽行条播禾草），并记载小区栽培管理状况。用目测法调查植株越夏存活率，每个观察材料设 3 次重复（3 个小区），采用 5 点取样法，每点随机取 20 ~ 30 株，统计植株的越夏率。根据越夏率，将植株的耐热性分为 5 级，分级标准如下：

    1   强（越夏存活率大于 90%，为 5 分）

    3   较强（越夏存活率 76% ~ 90%，为 4 分）

    5   中等（越夏存活率 51% ~ 75%，为 3 分）

    7   弱（越夏存活率 30% ~ 50%，为 2 分）

    9   最弱（越夏存活率小于 30%，为 1 分）

7.4.2 盆栽法

采用苗期盆栽耐热性鉴定。将种子播在装有草炭和蛭石（3：1）的育苗盘内，育苗盘大小约为 45cm×30cm×15cm，每份种质材料设 3 次重复，每个重复 20 ~ 30 株苗，株距 2.5cm，行距 6cm。置于人工气候室内育苗。出苗前温度 25℃，出苗后温度为白天 25 ~ 28℃，晚间 15 ~ 20℃，每天光照 16h，定期浇水。幼苗生长到 3 ~ 4 叶期或分蘖期时，进行高温处理，温度设为 35 ~ 40℃，处理到部分鉴定材料出现整株叶片呈现萎蔫枯死时停止处理，处理期间正常浇水。热胁迫结束后，调查幼苗的热害症状，根据热害症状，将鉴定种质材料的抗热性分为 5 级。

    1   强（无热害症状或 10% 以下的叶变黄，为 5 分）

    3   较强（热害症状不明显，10% ~ 30% 的叶片变黄，为 4 分）

    5   中等（热害症状较为明显，30% ~ 60% 的叶片变黄，为 3 分）

    7   弱（热害症状极为明显，60% 以上叶片变黄，少数叶片萎蔫枯死，为 2 分）

    9   最弱（热害症状极为严重，整株叶片萎蔫枯死，为 1 分）

8 抗病虫性

8.1 病侵害度

以全小区为调查对象，在冷地早熟禾牧草的整个生长期，观测植株感病的程度。

    1   无（小区中植物健康生长，无任何植株感病）

    3   轻微（小区中个别植株轻微感病）

    5   中等（小区中部分植株轻微感病；或个别植株明显感病）

    7   严重（小区中 1/2 以上的植株轻微感病；或 1/3 以下的植株明显

感病）

9　　极严重（小区中 1/3 以上的植株明显感病，且严重；或 1/3 以下的植株明显感病，且很严重）

8.2　锈病（*Puccinia* spp.）抗性

冷地早熟禾锈病包括种类很多。

锈病鉴定有田间直接鉴定和人工接种鉴定。田间直接鉴定简便易行。但这一方法要等到发病年份出现时才可以鉴定，周期可能会很长。

8.2.1　田间直接鉴定

在病害发生较严重的季节调查种质材料病害发生情况，每个观察材料设 3 次重复（3 个小区），各小区采用 5 点取样法，每点随机调查 20~40 株（枝）冷地早熟禾，计算发病率，根据病害的严重程度和发病率，将种质材料的抗病性分为 5 级，分级标准如下：

高抗（*HR*）　发病率在 30% 以下

抗病（*R*）　　发病率在 30%~49%

中抗（*MR*）　发病率在 50%~74%

感病（*S*）　　发病率在 75%~90%

高感（*HS*）　发病率在 90% 以上

发病率计算公式为：

$$发病率（\%）= \frac{发病株（枝）数}{调查总株（枝）数} \times 100$$

8.2.2　人工接种鉴定

①播种基质的准备：用草炭和蛭石作为基质，并按 3：1 比例混合均匀，然后于 121℃下高压灭菌 2h。

②育苗：将消毒处理后的种子播在装有草炭和蛭石（3：1）的塑料花盆内，育苗盘大小为 32cm×45cm×15cm，每份种质资源设 3 次重复，每个重复 20~30 株苗，株距 2.5cm，行距 6cm。置于 20~25℃温室内育苗。

③接种液的制备：从田间采集自然发病的早期病叶上的孢子或菌丝体制备接种液，或用培养基纯化培养后的菌种制备接种液。接种液的浓度一般为 10^5~4×10^5。

④接种方法：接种方法应根据各病害发生的特点确定，一般采用喷雾法，接种时根据病菌对环境条件的要求确定接种温度和湿度。

⑤病害调查与评价：接种后直到病害发生时调查发病情况。记录病株数和病情，比较不同材料在病害接种后植株的发病率，以此评价不同材料的抗病性。根据植株的发病率，将冷地早熟禾抗病性分为 5 级。

高抗（*HR*）　发病率在 30% 以下

抗病（*R*）　　　发病率在 30% ~ 49%

中抗（*MR*）　　发病率在 50% ~ 74%

感病（*S*）　　　发病率在 75% ~ 90%

高感（*HS*）　　发病率在 90% 以上

发病率计算公式为：

$$发病率（\%）= \frac{发病株（枝）数}{调查总株（枝）数} \times 100$$

8.3　黑粉病（*Urocystis* spp.，*Ustilago* spp.，*Tilletia* spp.）抗性

冷地早熟禾黑粉病种类较多，主要包括香草黑粉病［*Ustilago striiformis*（Westend.）Niessl］、大孢条纹黑粉病（*Urocrytis macrospora* Liro.）、碱草黑粉病（*Ustilago trebourii*）、茎黑粉病（*Ustilago hypodytes*）、雀麦黑穗病（*Ustilago bromine* Syd.）、星黑粉病（*Tilletia* spp.）等。采用间直接鉴定和人工接种鉴定。

田间直接鉴定方法

参照 8.2 田间直接鉴定法进行。

人工接种鉴定

参照 8.2 人工接种鉴定法进行。

8.4　早熟禾叶枯病（*Drechslera poae*）抗性

采用田间直接鉴定和人工接种鉴定。

田间直接鉴定：参照 8.2 田间直接鉴定法进行。

人工接种鉴定：参照 8.2 人工接种鉴定法进行。

8.5　虫侵害度

以全小区为调查对象，在冷地早熟禾牧草的整个生长期，观测植株受虫害侵袭的程度。

　　　1　　无（小区中无任何植株受侵害）

　　　3　　轻微（小区中个别植株轻微受侵害）

　　　5　　中等（小区中部分植株轻微受侵害；或个别植株明显受侵害）

　　　7　　严重（小区中 1/2 以上的植株轻微受侵害；或 1/3 以下的植株明显受侵害）

　　　9　　极严重（小区中 1/3 以上的植株明显受侵害，且严重；或 1/3 以下的植株明显受侵害，且很严重）

8.6　麦二叉蚜虫（*Schizaphis graminum*）抗性

采用田间目测鉴定法。

在虫害发生较严重的季节目测冷地早熟禾植株受害的情况，同时记载为害时期，寄主的生育期及气候条件（温度和湿度）。在观察小区内采用 5 点取样法，每点随机调查 20 ~ 40 株，统计虫口数量及植株的受害情况，计算植株受害率，

公式如下：

$$IS（\%）=\frac{N_1}{N}\times100$$

式中：IS——植株受害率，%；

N_1——受害株数；

N——调查总株数。

根据冷地早熟禾牧草植物受害率，将植物的麦二叉蚜虫抗性分为 5 级。

1　高抗（受害率 <5%）

3　抗（受害率 5% ~10%）

5　中抗（受害率 11% ~15%）

7　低抗（受害率 16% ~20%）

9　不抗（受害率 >20%）

8.7　网螟（*Crambus* spp.）抗性

田间目测方法判断，参照 8.6 的田间目测方法进行鉴定。

根据植物受害率，将植物的网螟抗性分为 5 级。

1　高抗（受害率 <5%）

3　抗（受害率 5% ~10%）

5　中抗（受害率 11% ~20%）

7　低抗（受害率 20% ~30%）

9　不抗（受害率 >30%）

9　其他特征特性

9.1　核型

首先用相应的试验方法确定染色体数目，然后采用细胞遗传学的方法对染色体的大小、形态和结构进行分析。以核型公式表示。

首先对所提交的种质材料进行染色体数目鉴定，采用石碳酸—品红染色法。以植物的体细胞染色体数目为准。统计的细胞数应在 30 个以上，其中 85% 以上的细胞具有恒定一致的染色体数目。

石碳酸—品红染色液的配置方法：

配方 I：

原液 A：称取 3g 碱性品红溶于 100ml 70% 酒精中（此液可无限期保存）。

原液 B：取 10ml 原液 A 加入 90ml 5% 的石碳酸（苯酚）水溶液中（2 周内使用）。

染色液：55ml 原液 B 加 6ml 冰乙酸和 6ml 37% 甲醛（福尔马林）。

此染色液适用于植物细胞原生质培养中的细胞核和核分裂的染色。因其中含有较多的甲醛，可以使原生质硬化而保持其固有的圆球状的完整形态。但是，不能使组织软化，不适合一般植物组织染色体压片的染色。在此基础上改进的配方 II，可普遍适用于一般的植物组织染色体压片的染色。

配方 II：

取配方 I 中的染色液 2 ~ 10ml 加 90 ~ 98ml 45% 乙酸和 1.8g 山梨醇（$C_6H_{14}O_6$）。此染色液配置后为淡品红色，如果立即使用，染色较淡，放置 2 周后染色能力显著增强，放置时间越久，染色效果越好。在室温下存放此液，2 年内染色液保持稳定，无沉淀，也不褪色。

步骤：

1　取材：将种质材料种子放入培养皿中，加适量水置于 25℃ 恒温箱内发芽（也可利用盆栽植物长出的幼根）。

2　预处理：待幼根长 1.0 ~ 1.5cm 时，取下幼根放入 0.002M8-羟基喹啉水溶液中，一般预处理 1 ~ 4h。

3　固定：将幼根放入卡诺液（Carnoy）（无水乙醇：冰乙酸 = 3：1）中固定 2 ~ 24h。

4　解离：将幼根放入 1N 盐酸中，在室温（18 ~ 20℃）下解离 50 ~ 70min（60℃ 恒温下解离 8min）。

5　软化：解离后的材料用蒸馏水冲洗，转入 45% 乙酸中软化 0.5 ~ 1h。

6　染色：软化后的材料用蒸馏水冲洗，在石碳酸—品红染色液中染色。在室温下（18 ~ 20℃）一般染色 0.5 ~ 4h。

7　压片、镜检、封片：在洁净的载片上切取根尖，加一滴 45% 的乙酸，按常规方法压片。镜检后冰冻分离盖片，室温晾干。二甲苯中透明 15min 左右，取出晾干，加拿大树胶封片，制成永久片待用。

鉴定出染色体数目后，以染色体基数来确定染色体倍性。由于长穗偃麦草种质具有混倍体现象，所以填写染色体倍性时，必须以所提交种质样本的染色体倍性为准。如果没有检测条件，可不填。

9.2　指纹图谱与分子标记

对进行过指纹图谱分析和重要性状分子标记的冷地早熟禾种质，记录分子标记的方法，并在备注栏内注明所用引物、特征带的分子大小或序列以及分子标记的性状和连锁距离。

9.3　种质保存类型

冷地早熟禾种质被保存的类型，分为：

1　种子

2　　　植株

3　　　花粉

4　　　培养物

5　　　DNA

9.4　实物状况

以种子形式保存的冷地早熟禾种质根据发芽率确定其质量状况；以 DNA 形式保存的种质根据其完整性确定其质量状况；以其他形式保存的种质根据样本的新鲜程度确定其质量状况。

1　　　好（种子发芽率 >90% ；样本完整或新鲜）

2　　　中（种子发芽率为 60% ~90% ；样本虽不很完整或新鲜，但具有生活力）

3　　　差（种子发芽率 <60% ；样本不完整或陈旧）

9.5　种质用途

早熟禾属牧草种质有多种用途，主要用途为 4 类。

1　　　饲用（家畜或野生动物的饲草料）

2　　　育种材料（杂交育种材料）

3　　　坪用（庭院、运动场、道路等绿化）

4　　　生态（水土保持、防风固沙、护坡固堤、草地植被恢复等）

9.6　备注

冷地早熟禾种质特殊描述符或特殊代码的具体说明。

六 冷地早熟禾种质资源数据采集表

1 基本信息			
全国统一编号(1)		种质库编号(2)	
种质圃编号(3)		引种号(4)	
采集号(5)		种质名称(6)	
种质外文名(7)		科名(8)	
属名(9)		学名(10)	
原产国(11)		原产省(12)	
原产地(13)		海拔(14)	m
经度(15)		纬度(16)	
来源地(17)		保存单位(18)	
保存单位编号(19)		系谱(20)	
选育单位(21)			
育成年份(22)		选育方法(23)	
种质类型(24)	1:野生资源 2:地方品种 3:选育品种 4:品系 5:遗传材料 6:其他		
图像(25)			
观测地点(26)			
2 形态特征和生物学特性			
根主要特征(27)			
茎秆形态(28)	1:直立 2:基部膝曲		
茎秆节数(29)	节	叶鞘与节间比较(30)	1:短于节间 2:长于节间
叶舌长度(31)			mm
叶片形态(32)	1:对折 2:稍内卷 3:内卷		
叶片长度(33)	cm	叶片宽度(34)	mm
叶片颜色(35)	1:黄绿色 2:灰绿色 3:浅绿色 4:绿色 5:深绿色		

（续表）

花序长度(36)	cm	花序宽度(37)	mm
分枝数(38)	枝/节	分枝形态(39)	1:上举 2:平展
小穗数(40)			枚/节(小枝)
小穗颜色(41)	1:绿色 2:略带紫色		
小花数(42)	枚/小穗	颖形状(43)	1:披针形 2:卵状披针形
第一颖长度(44)	mm	第二颖长度(45)	mm
外稃长度(46)	mm	外稃被毛(47)	0:无 1:有
基盘被毛(48)	0:无 1:少量	内稃长度(49)	mm
花药长度(50)	mm	颖果长度(51)	mm
播种期(52)		出苗期(53)	
返青期(54)		分蘖期(55)	
拔节期(56)		孕穗期(57)	
抽穗期(58)		开花期(59)	
乳熟期(60)		蜡熟期(61)	
完熟期(62)		枯黄期(63)	
成熟期一致性 (64)	1:一致 2:较一致 3:不一致		
叶层高度(65)	cm	生殖枝高度(66)	cm
生育天数(67)			d
熟性(68)	1:早熟 2:中熟 3:晚熟	生长天数(69)	d
再生性(70)	1:良好 2:中等 3:较差		
结实率(71)	%	落粒性(72)	1:不脱落 2:稍脱落 3:脱落
茎叶比(73)	1:X	鲜草产量(74)	kg/hm²
干草产量(75)	kg/hm²	干鲜比(76)	%
种子产量(77)	kg/hm²	分蘖数(78)	枝
越冬率(79)	%	观测年龄(80)	第 年
生长寿命(81)	1:短寿 2:中寿 3:长寿	千粒重(82)	g
发芽势(83)	%	发芽率(84)	%

（续表）

发芽率检测 时间(85)		种子生活力(86)	%
种子寿命(87)	1:短命　2:中命　3:长命		
3　品质特性			
水分含量(88)	%	粗蛋白质含量(89)	%
粗脂肪含量(90)	%	粗纤维素含量(91)	%
无氮浸出物含量 (92)	%	粗灰分含量(93)	%
钙含量(94)	%	磷含量(95)	%
天门冬氨酸含量 (96)	%	苏氨酸含量(97)	%
丝氨酸含量(98)	%	谷氨酸含量(99)	%
脯氨酸含量(100)	%	甘氨酸含量(101)	%
丙氨酸含量(102)	%	缬氨酸含量(103)	%
胱氨酸含量(104)	%	蛋氨酸含量(105)	%
异亮氨酸含量(106)	%	亮氨酸含量(107)	%
酪氨酸含量(108)	%	苯丙氨酸含量(109)	%
赖氨酸含量(110)	%	组氨酸含量(111)	%
精氨酸含量(112)	%	色氨酸含量(113)	%
中性洗涤纤维(114)	%	酸性洗涤纤维(115)	%
样品分析单位 (116)			
茎叶质地(117)	1:柔软　2:略粗糙		
适口性(118)	1:嗜食　2:喜食　3:乐食　4:采食		
利用期限(119)			a
草坪质地(120)	1:优　2:良好　3:一般　4:差　5:极差		
草坪色泽(121)	1:优　2:良好　3:一般　4:差　5:极差		
草坪密度(122)	枝条数/m²	草坪盖度(123)	%
草坪均一性(124)	1:优　2:良好　3:一般　4:差　5:极差		
草坪回弹性(125)			%

（续表）

4 抗逆性	
抗旱性(126)	1:强 3:较强 5:中等 7:弱 9:最弱
抗寒性(127)	1:强 3:较强 5:中等 7:弱 9:最弱
耐盐性(128)	1:强 3:较强 5:中等 7:弱 9:最弱
耐热性(129)	1:强 3:较强 5:中等 7:弱 9:最弱
5 抗病虫性	
病侵害度(130)	1:无 3:轻微 5:中等 7:严重 9:极严重
锈病抗性(131)	1:高抗 3:抗病 5:中抗 7:感病 9:高感
黑粉病抗性(132)	1:高抗 3:抗病 5:中抗 7:感病 9:高感
早熟禾叶枯病抗性(133)	1:高抗 3:抗病 5:中抗 7:感病 9:高感
虫侵害度(134)	1:无 3:轻微 5:中等 7:严重 9:极严重
麦二叉蚜虫抗性(135)	1:高抗 3:抗 5:中抗 7:低抗 9:不抗
网螟抗性(136)	1:高抗 3:抗 5:中抗 7:低抗 9:不抗
6 其他特征特性	
核型(137)	
指纹图谱与分子标记(138)	
种质保存类型(139)	1:种子 2:植株 3:花粉 4:培养物 5:DNA
实物状况(140)	1:好 2:中 3:差
种质用途(141)	1:饲用 2:育种材料 3:坪用 4:生态
备注(142)	

填表人：　　　　　　　审核：　　　　　　　　　日期：

七 冷地早熟禾种质资源利用情况报告格式

1 冷地早熟禾种质利用概况

当年提供利用的种质类型、份数、份次、用户数等。

2 冷地早熟禾种质利用效果及效益

包括当年和往年提供利用后育成的品种（系）、创新材料、生物技术利用、环境生态、开发创收等社会效益、经济效益和生态效益。

3 冷地早熟禾种质利用存在的问题和经验

组织管理、资源管理、资源研究和利用等。

八 冷地早熟禾种质资源利用情况登记表

种质名称					
提供单位		提供日期		提供数量	
提供种质类型	地方品种□　育成品种□　高代品系□　国外引进品种□　野生种□ 近缘植物□　遗传材料□　突变体□　其他□				
提供种质形态	植株（苗）□　果实□　籽粒□　根□　茎（插条）□　叶□　芽□ 花（粉）□　组织□　细胞□　DNA□　其他□				
统一编号		国家种质资源圃编号			
国家中期库编号		省级中期库编号			

提供种质的优异性状及利用价值：

利用单位		利用时间	
利用目的			

利用途径：

取得实际利用效果：

主要参考文献

［1］查普曼 G. P. ，皮特 W. E 著．王彦荣译．禾本科植物导论（包括竹子及禾谷类作物）［M］．北京：科学出版社，1996

［2］柴琦，王彦荣，孙建华．坪用草地早熟禾28个品种扩展性的比较研究［J］．草业学报．2002，11（4）：81～87

［3］陈宝书．牧草饲料作物栽培学［M］．北京：中国农业出版社，2001

［4］陈冀胜，郑硕．中国有毒植物［M］．北京：科学出版社，1987

［5］陈雅君，祖元刚，刘慧民等．早熟禾种质资源及其遗传改良研究进展［M］．园艺学报．2008，35（11）：1701～1708

［6］耿以礼．中国主要植物图说—禾本科［M］．北京：科学出版社，1965

［7］韩建国．实用牧草种子学［M］．北京：中国农业大学出版社，1997

［8］李博，杨持，林鹏．生态学［M］．北京：高等教育出版社，2000

［9］李青云，马玉寿，韩德林．冷地早熟禾种子生产的优化栽培技术研究［M］．中国草地．1998，（5）：35～37

［10］李锡香，朱德蔚等．黄瓜种质资源描述规范和数据标准［M］．北京：中国农业出版社，2005

［11］李扬汉．植物学［M］．上海：上海科学技术出版社，2006

［12］梁慧敏，夏阳，杜峰等．低温胁迫对草地早熟禾抗性生理生化指标的影响［J］．草地学报．2001，9（4）：283～286

［13］马银山，杜国桢，张世挺．施肥和刈割对冷地早熟禾补偿生长的影响［M］．生态学报．2010，30（2）：279～287

［14］潘家驹．作物育种学总论［M］．北京：中国农业出版社，1994

［15］全国牧草和饲料作物品种资源科研协作组．牧草和饲料作物良种集［M］．西宁：青海人民出版社，1974

［16］孙建华，王彦荣，李世雄．草地早熟禾不同品种生长与分蘖特性的研究．草业学报［M］．2003，（8）：20～25

［17］孙儒泳，李庆芬，牛翠娟等．基础生态学［M］．北京：高等教育出版社，2002

［18］王栋．牧草学各论［M］．南京：江苏科学技术出版社，1989

［19］ 王数安. 作物栽培学各论（北方本）［M］. 北京：中国农业出版社，1996

［20］ 吴征镒. 西藏植物志（第五卷）［M］. 北京：科学出版社，1987

［21］ 肖文一，陈德新，吴渠来. 饲用植物栽培与利用［M］. 北京：中国农业出版社出版，1991

［22］ 杨允菲，张洪军. 2 种早熟禾种群圆锥花序小穗及小花的空间分布格局［M］. 东北师大学报自然科学版. 1998，（4）：63～67

［23］ 赵桂琴. 几种早熟禾及其人工杂种染色体数目变化的特异性［M］. 草业科学. 2001，18（3）：17～20

［24］ 中国科学院西北高原生物研究所青海植物志编辑委员会. 青海植物志（第四卷）［M］. 西宁：青海人民出版社，1999

［25］ 中国科学院植物研究所. 中国高等植物图鉴（第五分册）［M］. 北京：科学出版社，1983

［26］ 中国科学院中国植物志编辑委员会. 中国植物志（第九卷第三分册）［M］. 北京：科学出版社，1987

［27］ 中国农业出版社辞书编辑室. 英汉农业大词典［M］. 北京：中国农业出版社，1997

［28］ 中国人民共和国农业部. 中国饲用植物图谱［M］. 北京：科学普及出版社，1959

［29］ 中国饲用植物志编辑委员会. 中国饲用植物志（第一卷）［M］. 北京：中国农业出版社，1987

［30］ 中国植被编辑委员会. 中国植被［M］. 北京：科学出版社，1980

［31］ Bergelson J. Life after death: site pre-emption by the remains of *Poa annua*. Ecology. 1990，71（6）：2157～2165

［32］ Hutchinson C S, Seymour G, B. Biological flora of the British Isles. *Poa annua* L. The Journal of Ecology. 1982，70（3）：887～901

［33］ Roberts H A, Feast P M. Emergence and longevity of seeds of annual weeds in cultivated and undisturbed soil. The Journal of Applied Ecology. 1973，10（1）：133～143